高等职业教育系列教材

# 机械精度设计与检测

主　编　赵宏平　顾苏怡
副主编　朱晓斌　吕　良　赵伯俊
参　编　杜　洁　左　斌　刘　旭　董　威　雷雨田

机械工业出版社

本教材共 6 个项目，分别为机械精度设计与检测的认知、减速器的尺寸精度设计与检测、减速器的几何公差设计与误差检测、减速器的表面粗糙度设计与检测、减速器典型零件的精度设计与检测、三坐标检测。

本教材是"十四五"江苏省职业教育首批在线精品课程"机械精度设计与检测"的配套教材。教材以新形态呈现，与微课视频、动画演示、仿真操作、教学课件、题库、技能训练任务库立体化教学资源、在线课程平台的课堂全过程相融合，形成立体化教材。

本教材适合作为高等职业院校装备制造大类专业学生的教材，也可作为工程技术人员培训或参考用书。

本教材的动画、视频等资源，可扫描书中二维码直接观看。本教材还配有授课电子课件、习题答案等，需要的教师可登录机械工业出版社教育服务网 www.cmpedu.com 免费注册后下载，或联系编辑索取（微信：13261377872，电话：010-88379739）。

## 图书在版编目（CIP）数据

机械精度设计与检测/赵宏平，顾苏怡主编. —北京：机械工业出版社，2024.6

高等职业教育系列教材

ISBN 978-7-111-75507-4

Ⅰ.①机… Ⅱ.①赵…②顾… Ⅲ.①机械-精度-设计-高等职业教育-教材②机械元件-检测-高等职业教育-教材 Ⅳ.①TH122②TG801

中国国家版本馆 CIP 数据核字（2024）第 066977 号

机械工业出版社（北京市百万庄大街 22 号　邮政编码 100037）
策划编辑：曹帅鹏　　　　　　　责任编辑：曹帅鹏　戴　琳
责任校对：张慧敏　张昕妍　　　责任印制：单爱军
北京虎彩文化传播有限公司印刷
2024 年 7 月第 1 版第 1 次印刷
184mm×260mm・13.5 印张・331 千字
标准书号：ISBN 978-7-111-75507-4
定价：59.00 元（含任务单）

电话服务　　　　　　　　　　网络服务
客服电话：010-88361066　　　机　工　官　网：www.cmpbook.com
　　　　　010-88379833　　　机　工　官　博：weibo.com/cmp1952
　　　　　010-68326294　　　金　书　网：www.golden-book.com
**封底无防伪标均为盗版**　　　机工教育服务网：www.cmpedu.com

# 二维码清单

| 名称 | 二维码 | 名称 | 二维码 | 名称 | 二维码 |
|---|---|---|---|---|---|
| 1.1 机械精度设计与检测的项目任务 | | 2.1.1 公差带图的绘画 | | 2.1.3 识读阀杆零件图尺寸 | |
| 1.1 一级减速器 | | 2.1.1 公差带图精确绘制 | | 2.2（拓展）送料机构转轴配合选择计算 | |
| 1.1.1 机械制造中的互换性 | | 2.1.1 极限偏差 | | 2.2.1~2.2.3 车床溜板箱配合选择实例 | |
| 1.1.2 机械制造中的标准化与优先数 | | 2.1.1 计算尺寸公差、极限偏差与配合间隙 | | 2.2.3 尺寸配合的选用计算 | |
| 1.2.1 机械检测技术的认知 | | 2.1.1 配合的基本术语与定义 | | 2.2.3 配合选择的计算 1 | |
| 1.2.2 了解计量器具的分类 | | 2.1.2~2.1.4 了解极限与配合的国家标准 | | 2.2.3 配合选择的计算 2 | |
| 1.2.3 了解计量器具的度量指标 | | 2.1.2 基本偏差的计算 1 | | 2.2（任务实施）减速器的尺寸精度及配合设计 | |
| 2.1（拓展）公差配合查询软件 | | 2.1.2 基本偏差的计算 2 | | 2.2（拓展）发动机凸轮轴的配合选择 | |
| 2.1.1 公差和偏差的基本定义 | | 2.1.2 配合间隙计算 | | 2.2（拓展）口罩送片机孔轴的配合选择计算 | |

(续)

| 名称 | 二维码 | 名称 | 二维码 | 名称 | 二维码 |
| --- | --- | --- | --- | --- | --- |
| 2.3（任务实施）轴的尺寸与检测分析 | | 2.3.1 带表游标卡尺的认识 | | 2.3.1（拓展）万能测长仪的测量 | |
| 2.3（任务实施）轴的尺寸测量 | | 2.3.1 数显游标卡尺的测量 | | 2.3.1（拓展）半径规的使用 | |
| 2.3（任务实施）轴零件图的识图和尺寸分析 | | 2.3.1 数显游标卡尺的认识 | | 2.3.1（拓展）卡规的使用方法 | |
| 2.3（拓展）万能工具显微镜测量孔心距 | | 2.3.1 数显高度游标卡尺的结构 | | 2.3.1（拓展）塞规的使用实例 | |
| 2.3（拓展）箱体的尺寸测量 | | 2.3.1 深度游标卡尺的认识 | | 2.3.1（拓展）杠杆千分尺的结构 | |
| 2.3.1 内径千分尺的结构 | | 2.3.1 游标卡尺的测量 | | 2.3.1（拓展）深度千分尺的认识 | |
| 2.3.1 外径千分尺的测量 | | 2.3.1 游标卡尺的认识 | | 2.3.1（拓展）环规的使用 | |
| 2.3.1 外径千分尺的认识 | | 2.3.1 量块组合的计算 | | 2.3.1（拓展）用立式光学比较仪检定量块 | |
| 2.3.1 带表游标卡尺的测量 | | 2.3.1 高度游标卡尺的结构 | | 2.3.1 外径内径千分尺的使用 | |

二维码清单

（续）

| 名称 | 二维码 | 名称 | 二维码 | 名称 | 二维码 |
|---|---|---|---|---|---|
| 2.3.1 游标卡尺的使用 | | 3.1（拓展）传动轴几何公差的标注 | | 3.2.1 形状公差2 | |
| 2.3.1 游标高度尺的使用 | | 3.1.1 零件的几何要素 | | 3.2.2 方向公差1 | |
| 2.3.1 量块的选用 | | 3.1.1~3.1.2 几何公差的认知 | | 3.2.2 方向公差2 | |
| 2.3.2 尺寸检测的验收极限 | | 3.1.3 几何公差的标注1 | | 3.2.2 方向公差3 | |
| 2.3.2 计量器具的选择 | | 3.1.3 几何公差的标注2 | | 3.2.3 位置公差1 | |
| 2.3.3~2.3.4 测量数据的处理 | | 3.1.3 几何公差的标注举例 | | 3.2.3 位置公差2 | |
| 2.3.3 计量器具的误差 | | 3.1（拓展）曲轴几何公差标注 | | 3.2.4 跳动公差 | |
| 2.3.4 测量数据的处理1（习题） | | 3.2（任务实施）分析输出轴的几何公差及要求 | | 3.2.5 最小实体要求 | |
| 2.3.4 测量数据的处理2（Excel） | | 3.2.1 形状公差1 | | 3.2.5 零几何公差 | |

（续）

| 名称 | 二维码 | 名称 | 二维码 | 名称 | 二维码 |
| --- | --- | --- | --- | --- | --- |
| 3.2.5 公差原则和公差要求的了解1 | | 3.3（任务实施）减速器输出轴的几何公差设计 | | 3.4.1 千分表的认识 | |
| 3.2.5 公差原则和公差要求的了解2 | | 3.3（拓展）发动机凸轮轴的几何公差选择 | | 3.4.1 杠杆千分表的认识 | |
| 3.2.5 包容要求的分析 | | 3.3（拓展）曲轴几何公差的选择 | | 3.4.1 杠杆百分表的认识 | |
| 3.2.5 发动机凸轮轴的包容要求 | | 3.3（拓展）送料机构转轴几何公差设计 | | 3.4.1 百分表的认识 | |
| 3.2.5 可逆要求分析 | | 3.3（拓展）送料机构销轴几何公差设计2 | | 3.4.1 内径量表的使用 | |
| 3.2.5 最大实体要求的分析 | | 3.3.1~3.3.3 几何公差的选择 | | 3.4.1 指针式百分表的使用 | |
| 3.2.5 识读几何公差实例 | | 3.4（任务实施）轴的尺寸和几何误差测量 | | 3.4.1 杠杆式百分表的使用 | |
| 3.2.5 输送架最大实体尺寸设计 | | 3.4（拓展）箱体的几何误差测量 | | 3.4.2 几何误差—最小区域 | |
| 3.2.5 输送架最小实体尺寸设计 | | 3.4.1 内径百分表的结构 | | 3.4.2 几何误差—轴线最小区域 | |

二维码清单

(续)

| 名称 | 二维码 | 名称 | 二维码 | 名称 | 二维码 |
|---|---|---|---|---|---|
| 3.4.2 几何误差检测—基准 | | 4.3.5 回转轴表面粗糙度测量 | | 5.2.2 齿厚游标卡尺的认识 | |
| 3.4.2 阶梯轴的圆度和圆柱度的测量 | | 4.3.5 端盖表面粗糙度测量 | | 5.2 减速箱内从动齿轮精度设计 | |
| 4.1（拓展）几何公差和粗糙度标注改错 | | 4.3.5 粗糙度比对样块的使用 | | 5.3 普通平键联结的精度设计 | |
| 4.1（拓展）套筒零件的表面粗糙度标注 | | 4.3.5 螺杆表面粗糙度测量 | | 5.3（拓展）减速箱内平键键槽尺寸与公差的设计 | |
| 4.1.1~4.1.2 表面粗糙度的认知 | | 4.3 表面粗糙度的检测 | | 5.4 大型工具显微镜测量螺纹中径 | |
| 4.1.3 表面粗糙度的概念 | | 5.1 减速箱内滚动轴承精度设计 | | 5.4 大型工具显微镜测量螺纹大径的测量 | |
| 4.1.4 表面粗糙度标注 | | 5.2.2 公法线千分尺的测量 | | 5.4 大型工具显微镜测量螺纹牙形半角 | |
| 4.2（任务实施）减速器输出轴的表面粗糙度设计 | | 5.2.2 公法线千分尺的认识 | | 5.4 大型工具显微镜测量螺纹牙形角 | |
| 4.2.1~4.2.2 表面粗糙度的选择 | | 5.2.2 齿厚游标卡尺的测量 | | 5.4 大型工具显微镜测量螺纹螺距 | |

(续)

| 名称 | 二维码 | 名称 | 二维码 | 名称 | 二维码 |
| --- | --- | --- | --- | --- | --- |
| 5.4 螺纹千分尺的结构 | | 5.5 万能角度尺的认识 | | 6.1 三坐标测量机基本原理及维护 | |
| 5.4 螺纹塞规的使用 | | 5.5 万能角度尺的读数 | | 6.2 三坐标 AC-DMIS 测量软件操作界面 | |
| 5.4 螺纹环规的使用 | | 5.5.2 万能角度尺的使用 1 | | 6.3 三坐标测头装配与校正 | |
| 5.4 螺距规的使用 | | 5.5.2 万能角度尺的使用 2 | | 6.4 三坐标基本几何元素的测量 | |
| 5.4 普通螺纹基本尺寸的检测 | | 5.5 数控刀柄的精度设计 | | 6.4 了解三坐标相关功能 | |
| 5.5 万能角度尺的测量 | | 6（拓展）圆锥孔深度的三坐标检测 | | 6.5~6.7 建立三坐标的坐标系与几何公差检测 | |

# 前言

"机械精度设计与检测"是高等职业院校机械类和机电类各专业必修的专业基础课，是从基础课学习过渡到专业课学习的桥梁，它是一门技术性和应用性很强的课程。该课程包含机械精度的设计、选用和误差检测，与机械设计、机械制造、机械产品的几何精度检测及质量控制密切相关，是机械工程技术人员和管理人员必须掌握的一门综合性应用技术基础课程。

本教材秉承现代职业教育"项目驱动，理实一体化"的理念，以"立德树人"为根本任务，以培养学生的专业技术应用和创新能力为教学目的，与企业技术专家紧密协作，以促进就业和满足产业发展需求为项目驱动，根据技术技能人才成长规律和学生认知特点，基于生产实践的活页式工作流程，以任务导向融合知识与技能，使学生在任务实践中完成学习。

本教材主要特色与创新如下：

1) 任务驱动式教材，体现专业性、针对性。按照"教、学、做合一"的思路，以工作过程为导向，将职业素养融入教材内容中，坚持"以应用为目的，必需、够用为度"的原则，可根据不同专业的职业岗位所需知识和技能进行针对性教学，突出知识的专业性和针对性。

2) 立体化的数字改革，适应"互联网+职业教育"发展需求。本教材教学内容、富媒体教学资源与中国大学 MOOC、微知库和智慧职教平台在线课程有机整合，微课视频、动画演示、仿真操作、教学课件、知识点题库、技能训练任务库等丰富多样的数字化资源，贯穿在线课程的课前预习、课中学习、课后巩固拓展等全教学场景，形成知识传授、教学互动、课堂组织、教学反馈评价等教学环节，将教材转为线上线下结合的立体化教材。

3) 理实一体化，体现实践性、应用性。项目任务从"学习目标+项目引入+项目分析+任务描述+相关知识+任务实施+任务评价+项目小结"到"知识巩固"和"技能任务"，以实现"学中做、做中学、边学边做"，真正实现学做一体、理论与实践融会贯通，帮助学生全面巩固所学知识，培养分析和解决问题的能力，提高学习兴趣。每个任务中的名词术语和表格等均采用现行的国家标准，体现时代性、先进性。

4) 校企合作、"双师"参与。本教材邀请企业工程技术人员参与大纲和技能任务的制订与编写工作，实用性更强。其中，全国劳模雷雨田在教材编写中融入了劳模工匠精神。

5) 思政浸润，体现素养目标及价值观引导。根据每个项目任务内容在分析和授课过程中的侧重，提炼育人元素，将爱国精神、工匠精神、创新精神与我国朴素的哲学思想相结合，融入教材。引导学生在教学活动、项目实训和实践活动中践行社会主义核心价值观，在潜移默化中优化与提升素养。

机械精度设计与检测

本教材由赵宏平、顾苏怡任主编，编写人员及分工如下：苏州市职业大学的赵宏平负责项目3、4内容编写及视频和动画制作，顾苏怡负责项目6内容编写及视频和动画制作，朱晓斌负责项目1、2内容编写及视频和动画制作，吕良负责项目5编写，赵伯俊负责实训任务单中项目1~6知识巩固部分的编写，杜洁负责项目2任务2.2实例、项目3任务3.3实例编写和视频制作，左斌负责项目5实例编写和视频制作，刘旭负责实训任务单中项目2技能任务编写，零边际测量技术（苏州）有限公司的董威负责项目6中的项目实施编写，苏州宝联重工有限公司的全国劳模雷雨田负责实训任务单中项目3、4技能任务编写。

在本教材的编写过程中，得到了苏州市职业大学教务处、机电工程学院相关领导的大力支持，在此表示衷心的感谢。

尽管我们在教材编写过程中做出了许多努力，但由于水平有限，疏漏之处在所难免，敬请广大读者批评指正。

所有的意见和建议请发往：zhp@jssvc.edu.cn 或 gsy@jssvc.edu.cn。

编　者

# 目 录

二维码清单
前言
**项目1　机械精度设计与检测的认知** …… 1
　学习目标 ………………………………… 1
　项目引入 ………………………………… 1
　项目分析 ………………………………… 1
　任务1.1　机械精度设计的认知 ………… 2
　　1.1.1　互换性的认知 ………………… 3
　　1.1.2　标准化的认知 ………………… 3
　任务1.2　机械精度检测的认知 ………… 5
　　1.2.1　检测的认识 …………………… 5
　　1.2.2　计量器具的分类 ……………… 6
　　1.2.3　计量器具的度量指标 ………… 7
　项目小结 ………………………………… 9
**项目2　减速器的尺寸精度设计与
　　　　 检测** ………………………………… 10
　学习目标 ………………………………… 10
　项目引入 ………………………………… 10
　项目分析 ………………………………… 10
　任务2.1　尺寸精度和国家标准的
　　　　　 认知 …………………………… 11
　　2.1.1　尺寸精度相关术语 …………… 12
　　2.1.2　标准公差和基本偏差 ………… 14
　　2.1.3　极限与配合的标注 …………… 20
　　2.1.4　常用和优先的公差带与
　　　　　 配合 …………………………… 20
　任务2.2　减速器的尺寸精度设计 …… 22
　　2.2.1　基准制的选择 ………………… 22
　　2.2.2　公差等级的选择 ……………… 24
　　2.2.3　配合的选择 …………………… 25

　任务2.3　减速器的尺寸精度检测 …… 29
　　2.3.1　尺寸计量器具的使用方法 … 30
　　2.3.2　尺寸计量器具的选用 ………… 33
　　2.3.3　测量误差和测量精度的
　　　　　 认识 …………………………… 36
　　2.3.4　测量结果的数据处理 ………… 36
　项目小结 ………………………………… 38
**项目3　减速器的几何公差设计与误差
　　　　 检测** ………………………………… 40
　学习目标 ………………………………… 40
　项目引入 ………………………………… 40
　项目分析 ………………………………… 40
　任务3.1　几何公差的认知 …………… 41
　　3.1.1　几何公差的研究对象 ………… 42
　　3.1.2　几何公差的特征项目 ………… 43
　　3.1.3　几何公差的标注 ……………… 43
　　3.1.4　几何公差的特殊标注 ………… 46
　任务3.2　几何公差的理解 …………… 48
　　3.2.1　形状公差的理解 ……………… 49
　　3.2.2　方向公差的理解 ……………… 52
　　3.2.3　位置公差的理解 ……………… 55
　　3.2.4　跳动公差的理解 ……………… 57
　　3.2.5　公差原则与公差要求的
　　　　　 认知 …………………………… 59
　任务3.3　减速器输出轴的几何公差
　　　　　 设计 …………………………… 62
　　3.3.1　几何公差项目的选择 ………… 63
　　3.3.2　几何公差值（或公差等级）

的选择 …………………… 63
　3.3.3 公差原则与公差要求的
　　　选择 …………………… 66
任务3.4 减速器输出轴的几何误差
　　　检测 …………………… 69
　3.4.1 几何误差的常规计量器具的
　　　使用 …………………… 70
　3.4.2 几何误差的常规检测项目和
　　　方法 …………………… 71
项目小结 ……………………… 80

## 项目4 减速器的表面粗糙度设计与
## 　　　检测 …………………… 81
学习目标 ……………………… 81
项目引入 ……………………… 81
项目分析 ……………………… 81
任务4.1 表面粗糙度的认知 …… 82
　4.1.1 表面粗糙度的概念 …… 83
　4.1.2 表面粗糙度的评定 …… 83
　4.1.3 表面结构符号的认识 … 85
　4.1.4 表面粗糙度的标注 …… 86
任务4.2 减速器输出轴的表面粗糙度
　　　设计 …………………… 91
　4.2.1 表面粗糙度评定参数的
　　　选择 …………………… 92
　4.2.2 表面粗糙度评定参数值的
　　　选择 …………………… 92
任务4.3 减速器输出轴的表面粗糙度
　　　检测 …………………… 96
项目小结 ……………………… 100

## 项目5 减速器典型零件的精度设计与
## 　　　检测 …………………… 101
学习目标 …………………… 101
项目引入 …………………… 101
项目分析 …………………… 101
任务5.1 滚动轴承的精度设计 … 102

　5.1.1 滚动轴承的组成与特点 … 102
　5.1.2 滚动轴承的精度及等级 … 103
　5.1.3 滚动轴承与轴和轴承座孔的
　　　配合 ………………… 103
任务5.2 渐开线圆柱齿轮的精度设计与
　　　检测 ………………… 108
　5.2.1 齿轮的参数认识 …… 108
　5.2.2 齿轮的精度设计与检测 … 109
　5.2.3 齿轮副精度的精度设计与
　　　检测 ………………… 114
　5.2.4 减速器输出轴齿轮的精度设
　　　计与检测 …………… 115
任务5.3 键的精度设计与检测 … 121
　5.3.1 键的参数认识 ……… 122
　5.3.2 键的公差与检测 …… 124
任务5.4 普通螺纹的精度设计与
　　　检测 ………………… 132
　5.4.1 螺纹的参数认识 …… 132
　5.4.2 普通螺纹的公差与检测 … 135
拓展知识　圆锥的精度设计与检测 … 139
项目小结 …………………… 145

## 项目6 三坐标检测 …………… 147
学习目标 …………………… 147
项目引入 …………………… 147
项目分析 …………………… 147
6.1 三坐标测量机的认知 …… 148
6.2 AC-DMIS检测软件的操作 … 149
6.3 测头装配与测针校正 …… 149
6.4 几何要素特征量的认知 … 150
6.5 检测坐标系的建立 ……… 151
6.6 几何误差的检测 ………… 152
6.7 检测报告的输出 ………… 152
项目小结 …………………… 154

## 参考文献 …………………… 155

# 项目1

## 机械精度设计与检测的认知

1. **知识目标**
   1) 掌握互换性的概念、分类和作用。
   2) 掌握标准化的概念和意义。
   3) 掌握精度设计、公差、检测的概念。
   4) 掌握计量器具的分类和度量指标。
2. **技能目标**
   1) 能根据互换程度区分完全互换和不完全互换。
   2) 能区分检测、检验和测量。
   3) 能根据计量器具的结构特点判断计量器具所属分类，能区分计量器具的度量指标。

在图 1-1 所示的一级直齿圆柱齿轮减速器的示意图中，3、10 均为深沟球轴承，思考不同工厂生产的同型号轴承是否可以相互替换，如何保证它们的互换性？如何判断零件（如输入轴）是否符合设计要求？

1) 机械制造业为国民经济提供技术装备支持，而机械精度与机械制造的质量控制密切相关。现代化制造业的特点是规模大、协作单位多、互换性要求高，为了正确协调各生产部门和准确衔接各生产环节，必须有一种协调手段，使分散的局部的生产部门和生产环节保持必要的技术统一，以实现互换性生产。标准与标准化正是联系这种关系的主要途径和手段，是实现互换性的基础。

2) 机械精度设计是根据机械产品的功能和性能要求，正确合理地设计机械零件的尺寸精度、几何精度及表面粗糙度，并将其正确地标注在零件图和装配图上的过程。

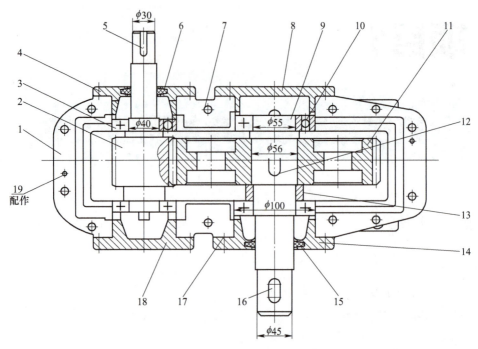

图 1-1 一级直齿圆柱齿轮减速器示意图

1—箱座　2—输入轴　3、10—轴承　4、8、14、18—轴承端盖　5、12、16—键　6、15—密封圈
7—螺栓　9—输出轴　11—齿轮　13—轴套　17—垫片　19—定位销

合理确定机械精度并进行正确检测，是保证产品质量、实现互换性生产的必要条件和手段。

3）减速器是常见的机械传动装置，在国民经济及国防工业的各个领域都有着广泛的应用。减速器中有轴、轴承、齿轮等典型零件，减速器的精度设计涉及尺寸精度、几何精度、表面粗糙度等方面，因此本书选用减速器作为课程案例进行分析。

4）通常情况下零件性能和生产成本呈现正比例关系。以轴承为例，轴承性能越优异，生产成本越高，若降低轴承的性能，则可能导致轴承无法满足使用要求。互换性是解决零件性能与生产成本之间的矛盾的关键。在设计方面，互换性有利于简化绘图和计算工作，缩短设计周期；在制造方面，互换性有利于组织专业化生产，提高生产率。在使用、维修方面，互换性可以减少机器的维修时间和费用，保证机器能连续持久地运转。

## 任务1.1　机械精度设计的认知

### 任务描述

不同工厂生产的同型号轴承是否可以互换？
轴承的生产应该采用什么样的标准？

## 任务分析

要完成本任务，应该了解互换性、标准、标准化的相关知识。

## 相关知识

### 1.1.1 互换性的认知

在现代化生产中，组成现代技术装置和日用机电产品的各种零件，如电灯泡、自行车、手表、缝纫机上的零件，一般都可以相互替换，它们应遵守互换性原则。

**1. 互换性的定义**

同一规格的一批零部件，任取其一，不经挑选和修配就能装在机器上，并能满足其使用功能要求，满足上述要求的零部件称为具有互换性的零部件。

互换性包括几何参数（尺寸、形状、位置、表面微观形状误差）、力学性能（强度、硬度、刚度）和理化性能（成分、密度、导电性等）方面的互换性。

**2. 互换性分类**

按照互换的程度，互换性可分为完全互换性和不完全互换性。

完全互换性：不限定互换范围，以零部件装配或更换时不需要挑选或修配为条件。

不完全互换性（也称有限互换性）：因特殊原因，只允许零件在一定范围内互换。

一般来讲，零部件需要厂际协作时应采用完全互换性，部件或构件在同一厂制造和装配时，可采用不完全互换性。

**3. 公差**

若制成的一批零件实际尺寸数值＝理论数值，即这些零件完全相同，虽具有互换性，但在生产上不可能，且没有必要。而只要求制成零件的实际参数值变动不大，保证零件充分近似即可。要使零件具有互换性，就应按"公差"制造。

公差是实际参数允许的最大变动量，包括尺寸公差、几何公差。工件的误差在公差范围内，为合格件；超出了公差范围，为不合格件。误差是在加工过程中产生的，而公差是设计人员给定的。互换性要用公差来保证。

### 1.1.2 标准化的认知

**1. 标准化**

《标准化工作指南　第1部分：标准化和相关活动的通用术语》（GB/T 20000.1—2014）中对标准化的定义是：为了在既定范围内获得最佳秩序，促进共同效益，对现实问题或潜在问题确立共同使用和重复使用的条款以及编制、发布和应用文件的活动。

**2. 标准**

标准是通过标准化活动，按照规定的程序经协商一致制定，为各种活动或其结果提供规则、指南或特性，供共同使用和重复使用的文件。

国际标准是指国际标准化组织（ISO）、国际电工委员会（IEC）和国际电信联盟（ITU）制定的标准，以及国际标准化组织确认并公布的其他国际组织制定的标准。国际标准在世界范围内统一使用。

国家标准是指由国家标准化主管机构批准发布，对全国经济、技术发展有重大意义，且在全国范围内统一的标准。我国按照适用范围将标准划分为国家标准（GB）、行业标准（JB）、地方标准（DB）和企业标准（QB）等层次。国家标准代号如下：强制性国家标准 GB、推荐性国家标准 GB/T（"T"是推荐的意思）、国家标准指导性技术文件 GB/Z。

本书涉及的主要国家标准见表1-1。标准是保证互换性的基础，标准化是实现互换性生产的基础。

表1-1 本书涉及的主要国家标准

| 标准号 | 标准名称 |
| --- | --- |
| GB/T 1800.1—2020 | 产品几何技术规范（GPS） 线性尺寸公差 ISO 代号体系 第1部分：公差、偏差和配合的基础 |
| GB/T 1800.2—2020 | 产品几何技术规范（GPS） 线性尺寸公差 ISO 代号体系 第2部分：标准公差带代号和孔、轴的极限偏差表 |
| GB/T 1803—2003 | 极限与配合 尺寸至18mm孔、轴公差带 |
| GB/T 6093—2001 | 几何量技术规范（GPS） 长度标准 量块 |
| GB/T 3177—2009 | 产品几何技术规范（GPS） 光滑工件尺寸的检验 |
| GB/T 1182—2018 | 产品几何技术规范（GPS） 几何公差 形状、方向、位置和跳动公差标注 |
| GB/T 3505—2009 | 产品几何技术规范（GPS） 表面结构 轮廓法 术语、定义及表面结构参数 |
| GB/T 131—2006 | 产品几何技术规范（GPS） 技术产品文件中表面结构的表示法 |
| GB/T 6060.2—2006 | 表面粗糙度比较样块 磨、车、镗、铣、插及刨加工表面 |
| GB/T 6060.3—2008 | 表面粗糙度比较样块 第3部分：电火花、抛（喷）丸、喷砂、研磨、锉、抛光加工表面 |
| GB/T 307.3—2017 | 滚动轴承 通用技术规则 |
| GB/T 10095.1—2022 | 圆柱齿轮 ISO 齿面公差分级制 第1部分：齿面偏差的定义和允许值 |
| GB/T 10095.2—2008 | 圆柱齿轮 精度制 第2部分：径向综合偏差与径向跳动的定义和允许值 |
| GB/T 1096—2003 | 普通型 平键 |
| GB/T 1144—2001 | 矩形花键尺寸、公差和检验 |
| GB/T 197—2018 | 普通螺纹 公差 |
| GB/T 157—2001 | 产品几何量技术规范（GPS） 圆锥的锥度与锥角系列 |
| GB/T 12360—2005 | 产品几何量技术规范（GPS） 圆锥配合 |
| GB/T 11334—2005 | 产品几何量技术规范（GPS） 圆锥公差 |

### 任务实施

1）轴承是机械设备中的一种重要零部件，轴承是行业标准件。轴承内圈与输入轴/输出轴配合，轴承外圈则与轴承座配合。为了使轴承能与轴、轴承座配合，轴承应该满足一定的设计要求，即按照相关标准进行生产。不同工厂按照相同标准生产的同型号轴承通常可以相互替换使用，这是因为它们之间具有互换性。

2）为了使所生产的轴承适用范围较广，可以按照国家标准进行生产，如滚动轴承按照表中的GB/T 307.3—2017《滚动轴承 通用技术规则》。

## 任务评价

| 序号 | 考核项目 | 考核内容 | 检验规则 | 分值 小组自评（20%） | 分值 小组互评（40%） | 分值 教师评分（40%） |
|---|---|---|---|---|---|---|
| 1 | 互换性 | 互换性的概念 | 20分/考核点，共20分 | | | |
| 2 | 互换性 | 互换性的作用 | 30分/考核点，共30分 | | | |
| 3 | 标准 | 标准的分类 | 20分/考核点，共20分 | | | |
| 4 | 标准 | 轴承标准的选用 | 30分/考核点，共30分 | | | |
| | | 总分 | 100分 | | | |
| | | 合计 | | | | |

# 任务1.2 机械精度检测的认知

## 任务描述

如何判断图1-1中的输入轴是否符合设计要求？常见的计量器具有哪些？检测、检验和测量的区别是什么？计量器具中哪一类只能用于检验？

## 任务分析

检测技术的发展有利于推动机械加工精度的提高。要完成本任务，应对机械精度检测有基本的认识，同时也要了解计量器具的分类和度量指标知识。

## 相关知识

### 1.2.1 检测的认识

在机械制造中，为了保证机械零件的互换性和几何精度，应对其几何参数（尺寸、形状、位置和表面粗糙度等）进行测量，以判断该零件是否符合设计要求，即为检测。检测包含检验与测量。检验就是确定被测量是否达到预期要求所进行的测量，从而判断是否合格，不一定得出具体的量值。测量就是为确定量值而进行的实验过程。

一个完整的测量过程应包括被测对象、计量单位、测量方法和测量精度四个要素。

1）被测对象。它是指几何量，包括长度、角度、表面粗糙度和几何误差等。

2）计量单位。采用我国的法定计量单位，长度单位为米（m），角度单位为弧度（rad）和度（°）。

3）测量方法。它是指在进行测量时所采用的测量原理、计量器具和测量条件的综合。

4）测量精度。测量结果与被测量真值的一致程度。

为了保证计量器具量值统一，必须把长度基准的量值准确地传递到生产中应用的计量器具和工件上去。量块（端面量具）和线纹尺（线纹量具）是实现光波长度到测量实践之间的尺寸传递媒介，其中以量块为媒介的传递系统应用较广。

### 1.2.2 计量器具的分类

计量器具按结构特点可分为量具、量规、量仪和测量装置四类。

1）量具是具有某一个固定尺寸的检测工具，通常用来校对和调整其他计量器具或作为标准用来与被测工件进行比较。量具的特点是一般没有放大装置。

2）量规是一种没有刻度的专用检验工具，用来检验工件实际尺寸和几何误差的综合结果。量规只能判断工件是否合格，而不能获得被测几何量的具体数值。

3）量仪是指能将被测量转换成可直接观测的指示值或等效信息的计量器具，其特点是一般都有指示、放大系统。

4）测量装置是指为确定被测量所必需的测量和辅助设备的总体，它能够测量较多的几何参数和较复杂的工件。

常用的计量器具见表 1-2。

表 1-2　常用计量器具

| 测量对象 | 常用计量器具举例 | |
| --- | --- | --- |
| 尺寸精度 | 游标卡尺 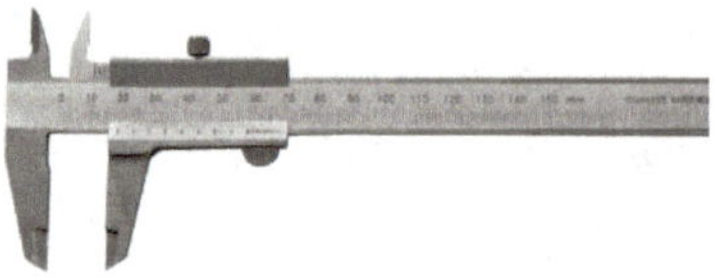 | 千分尺 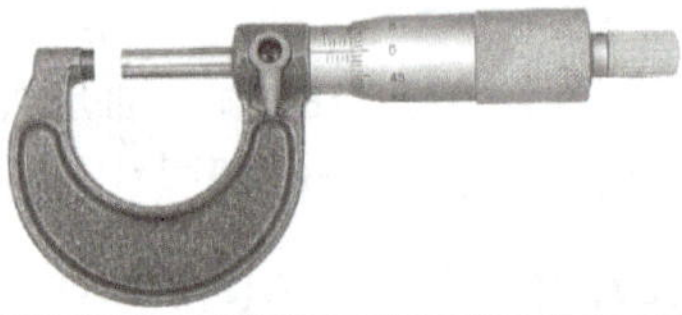 |
| | 游标高度卡尺 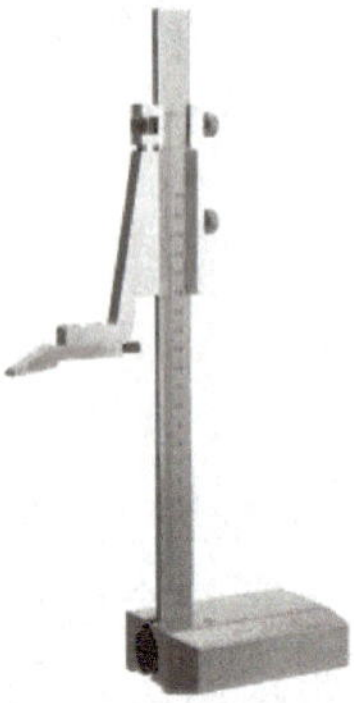 | 三坐标测量仪  |
| | 比较仪  | 光滑极限量规 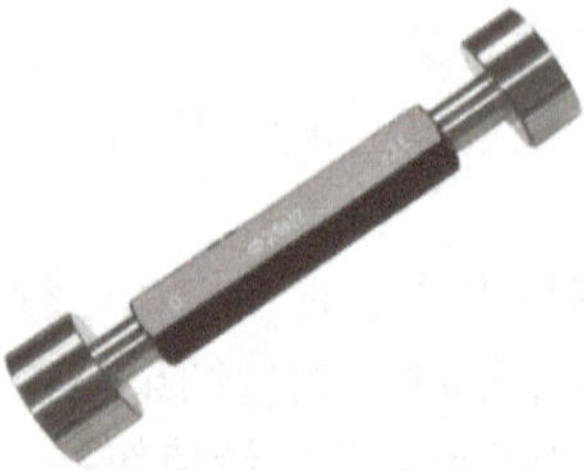 |

(续)

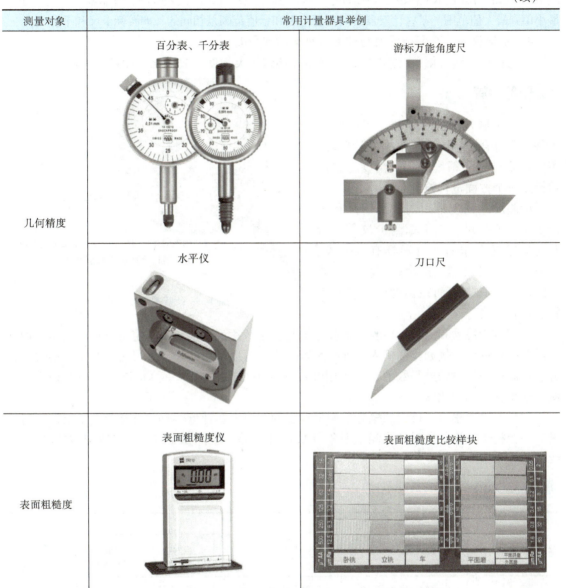

## 1.2.3 计量器具的度量指标

计量器具度量指标如下：

1) 刻度间距。它是指计量器具的刻度尺或刻度盘上两相邻刻线中心之间的距离，一般为 1~2.5mm，如图 1-2 所示。

2) 分度值。它是指刻度尺或刻度盘上两相邻刻线之间所代表的量值。如图 1-2 所示，两条相邻刻线所代表的量值之差为 0.01mm，即分度值为 0.01mm。一般来说，分度值越小，计量器具的精度越高。

3) 示值范围和测量范围。示值范围是指计量器具所显示的最小值到最大值范围，如

图 1-2 所示的百分表示值范围是 0~3mm。测量范围是指在允许的误差限内，计量器具所能测出的最小值到最大值范围。某些计量器具的测量范围和示值范围是相同的，如游标卡尺和千分尺。

4）示值误差。它是指示值与被测量真值的代数差。

5）其他指标。除了上述指标，度量指标还包括灵敏度、放大比、测量力等。

### 任务实施

通过对输入轴进行检测，可以判断零件是否符合设计要求。根据设计要求，主要需要对尺寸精度、几何精度、表面粗糙度三个方面进行检测。

检测尺寸精度常用的计量器具有游标卡尺、千分尺、三坐标测量仪等，检测几何精度常用的计量器具有百分表、千分表、刀口尺等，检测表面粗糙度常用的计量器具有表面粗糙度仪、表面粗糙度比较样块等。

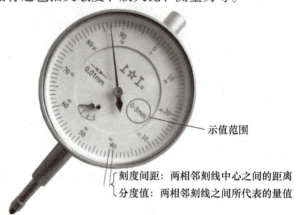

图 1-2 计量器具度量指标

检测包含检验和测量，检验需要确定被测量是否达到预期，不一定得出具体数值，而测量需要确定量值。例如检测输入轴外径是否合格，可以采用外径千分尺进行测量，通过这种方法可以得到具体的外径数值；也可用环规（光滑极限量规的一种）进行检验，采用此方法无法得到具体的数值。

本任务主要学习了检测的概念、测量过程的四要素、计量器具的分类及度量指标，对检测有一个初步认识。针对具体测量对象（如尺寸误差、表面粗糙度等）的检测方法将在后续项目中介绍。

### 任务评价

| 序号 | 考核项目 | 考核内容 | 检验规则 | 分值 | | |
|---|---|---|---|---|---|---|
| | | | | 小组自评(20%) | 小组互评(40%) | 教师评分(40%) |
| 1 | 检测 | 判断输入轴是否合格 | 20 分/考核点，共 20 分 | | | |
| 2 | | 检测对象、对应的计量器具举例 | 10 分/考核点，共 30 分 | | | |
| 3 | | 检测、检验和测量的区别 | 10 分/考核点，共 10 分 | | | |
| 4 | 计量器具 | 计量器具的分类 | 7 分/考核点，共 28 分 | | | |
| 5 | | 计量器具中只能用于检验的类别 | 12 分/考核点，共 12 分 | | | |
| | | 总分 | 100 分 | | | |
| | | 合计 | | | | |

 **项目小结**

互换性的使用可以提高产品质量和可靠性，提高经济效益，互换性生产对我国社会主义现代化建设具有十分重要的意义。而标准化的实施，可以整合和引导社会资源，激活科技要素，推动自主创新与开放创新，加速技术积累、科技进步、成果推广、创新扩散、产业升级。

通过减速器轴承的互换性判断和计量器具选择任务，学生可以了解并掌握互换性、标准化、公差、精度设计、检测等相关概念。

# 项目2

## 减速器的尺寸精度设计与检测

### 1. 知识目标
1）掌握尺寸公差与配合的基本术语与计算。
2）掌握常用零件的极限与配合选用。
3）掌握尺寸测量方法、尺寸计量器具的结构和使用。
4）掌握尺寸测量数据的处理方法。

### 2. 技能目标
1）能根据公差代号完成尺寸公差与配合的计算，并绘制公差带图。
2）能根据零件的功能要求选择公差与配合。
3）能根据零件特点选择合适的计量器具进行检测。
4）能根据误差类型完成测量结果的数据处理。

根据机械的功能要求，如何设计孔轴类零件的尺寸和配合？对这类零件如何进行标注，并选择合适的计量器具检测相关尺寸？

如图 2-1 所示的一级直齿圆柱齿轮减速器的示意图，确定输出轴和轴承、齿轮之间的配合关系，在图中进行标注。并对输出轴的尺寸进行检测，思考其尺寸是否符合要求。

1）减速器中有不少相互配合的孔和轴，它们虽然拥有相同的公称尺寸，但实际尺寸会有差别。所谓"差之毫厘，谬以千里"，即使尺寸只有几十微米的差别，也会影响机械的正常运行。尺寸精度设计和检测是安全生产的重要因素。

2）通过本项目的学习，学生应了解与尺寸精度相关的国家标准，严格遵守并熟练运用国家标准，同时在学习过程中培养精益求精、一丝不苟的工匠精神。本项目内容为机械设计人员的必备知识。

项目2　减速器的尺寸精度设计与检测

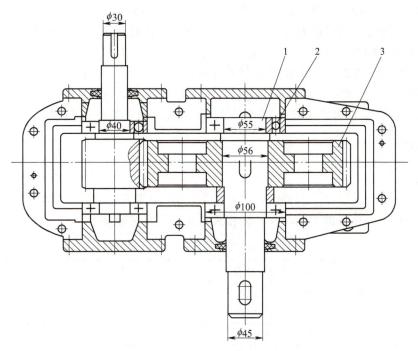

图 2-1　一级直齿圆柱齿轮减速器示意图
1—输出轴　2—轴承　3—齿轮

3）要完成本项目中减速器的尺寸精度和配合的设计，应该从基准制、公差等级、配合的性质三方面进行考虑，对指定部位的功能、精度要求、公称尺寸等参数进行综合分析后得到结果。以功能为例，分析孔与轴是否有相对运动，无相对运动的情况下是否需要传递转矩，不同情况下所设计的配合是有区别的。

要完成尺寸检测，应该了解计量器具的度量指标及常见计量器具的使用方法和使用场合。而测量本身也存在误差，为了消除测量的误差，需要掌握分析和处理测量数据的方法。

## 任务 2.1　尺寸精度和国家标准的认知

### 任务描述

如图 2-1 所示的减速器中，假如齿轮 3 和输出轴 1 的配合为 $\phi56H7/k6$，分别计算孔、轴的基本偏差和另外一个偏差。画出公差带图，并判断它们是什么性质的配合。

### 任务分析

减速器的孔轴配合中的孔和轴，键配合中的键宽和槽宽，花键配合中的大径、小径及键齿宽等，都是圆柱体内、外表面间的配合。孔轴配合时需要将孔与轴的尺寸控制在一定的范围内，范围越小，精度越高，加工成本就越高，但范围越大，越难保证零件的互换性及其相互配合的功能。因此，就形成了极限与配合的概念。极限用于协调机器零件使用要求与制造经济性之间的矛盾，而配合则反映零件组合时相互之间的关系。

任务中的孔轴代号 $\phi 56H7$ 及 $\phi 56k6$ 采用了极限与配合的国家标准。相关标准包含了《产品几何技术规范（GPS） 线性尺寸公差 ISO 代号体系 第 1 部分：公差、偏差和配合的基础》（GB/T 1800.1—2020）、《产品几何技术规范（GPS） 线性尺寸公差 ISO 代号体系 第 2 部分：标准公差带代号和孔、轴的极限偏差表》（GB/T 1800.2—2020）、《极限与配合 尺寸至 18mm 孔、轴公差带》（GB/T 1803—2003）等。要完成本任务需要掌握这些国家标准。

## 相关知识

### 2.1.1 尺寸精度相关术语

减速器中有很多孔、轴零件，孔和轴相关概念的定义见表 2-1。

表 2-1 孔和轴相关概念的定义

| 术语 | 定 义 | 孔与轴的关系 |
| --- | --- | --- |
| 孔 | 圆柱形内表面，非圆柱形内表面 | 包容面 |
| 轴 | 圆柱形外表面，非圆柱形外表面 | 被包容面 |
| 基准孔 | 对于同一零件上公称尺寸相同的孔采用相同的公差带 | 在基孔制配合中作为基准 |
| 基准轴 | 对于同一零件上公称尺寸相同的轴采用相同的公差带 | 在基轴制配合中作为基准 |

尺寸、公差、偏差是尺寸精度设计中的重要概念，与之相关的术语见表 2-2，并参看图 2-2。

表 2-2 尺寸、公差、偏差的术语与定义

| 术语 | | 定义 | 符号 | |
| --- | --- | --- | --- | --- |
| | | | 孔 | 轴 |
| 尺寸 | | 用特定单位表示长度值的数字 | | |
| 公称尺寸 | | 由图样规范定义的理想形状要素的尺寸，过去被称为"基本尺寸" | $D$ | $d$ |
| 实际尺寸 | | 拟合组成要素的尺寸 | $D_a$ | $d_a$ |
| 极限尺寸 | | 尺寸要素的尺寸所允许的极限值 | $D_{max}$, $D_{min}$ | $d_{max}$, $d_{min}$ |
| 偏差 | | 某值与其参考值之差 | | |
| 极限偏差 | 上极限偏差 | 极限尺寸减其公称尺寸所得的代数差 | $ES=D_{max}-D$ | $es=d_{max}-d$ |
| | 下极限偏差 | | $EI=D_{min}-D$ | $ei=d_{min}-d$ |
| 实际偏差 | | 实际尺寸减其公称尺寸所得的代数差 | $D_a-D$ | $d_a-d$ |
| 尺寸公差 | | 上极限尺寸与下极限尺寸之差 | $T_h=D_{max}-D_{min}=ES-EI$ | $T_s=d_{max}-d_{min}=es-ei$ |
| 零线 | | 在极限与配合图解中，表示公称尺寸的一条直线 | 见图 2-9 | |
| 公差带 | | 公差极限之间（包括公差极限）的尺寸变动值 | | |
| 标准公差 | | 线性尺寸公差 ISO 代号体系中的任一公差 | $ES=EI+T_h$ | $es=ei+T_s$ |
| 基本偏差 | | 确定公差带相对公称尺寸位置的那个极限偏差。即靠近零线的那个偏差，A～J 是 $EI$，J～ZC 是 $ES$，a～j 是 $es$，j～zc 是 $ei$ | | |

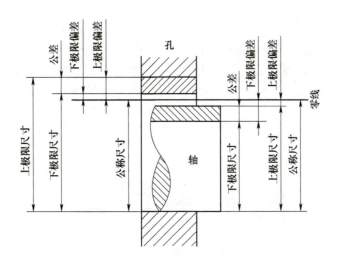

图 2-2 公差、配合及公差带

配合是指公称尺寸相同的、相互配合的孔和轴公差带之间的关系。配合反映了相互配合的零件之间的松紧程度。配合的相关术语见表 2-3。

表 2-3 配合的术语与定义

| 术语 | 定　　义 | 计算公式 |
| --- | --- | --- |
| 配合 | 类型相同且待装配的外尺寸要素（轴）和内尺寸要素（孔）之间的关系 | |
| 间隙或过盈 | 相配孔和轴的尺寸之差。为正时是间隙，为负时是过盈，都用 $X$ 表示 | 实际间隙或过盈 $=D_a-d_a$ |
| 间隙配合 | 孔和轴装配时总是存在间隙的配合。孔公差带位于轴公差带之上，参看图 2-3a | 特征参数：<br>最大间隙（最小过盈）<br>$X_{max}=D_{max}-d_{min}=ES-ei$<br>最小间隙（最大过盈）<br>$X_{min}=D_{min}-d_{max}=EI-es$<br>平均间隙（过盈）<br>$X_{av}=(X_{max}+X_{min})/2$ |
| 过盈配合 | 孔和轴装配时总是存在过盈的配合。孔公差带位于轴公差带之下，参看图 2-3b | |
| 过渡配合 | 孔和轴装配时可能具有间隙或过盈的配合。孔轴公差带相交，参看图 2-3c | 判断方法：<br>① $X_{min}\geq 0$，间隙配合<br>② $X_{max}\leq 0$，过盈配合<br>③ $X_{max}>0$，$X_{min}<0$，过渡配合 |
| 配合公差 | 组成配合的两个尺寸要素的尺寸公差之和 | $T_f=\lvert X_{max}-X_{min}\rvert=ES-EI+es-ei=T_h+T_s$ |
| 基孔制配合 | 孔的基本偏差为零的配合，即其下极限偏差等于零 | 公差带用 H，下极限偏差 $EI=0$ |
| 基轴制配合 | 轴的基本偏差为零的配合，即其上极限偏差等于零 | 公差带用 h，上极限偏差 $es=0$ |

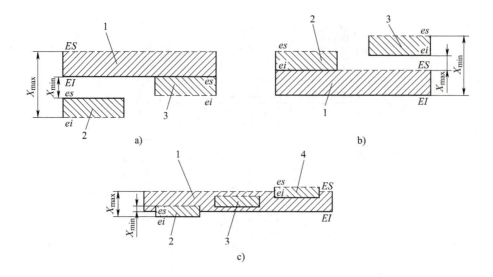

图 2-3 不同配合性质的孔轴公差带位置之间的关系
a) 间隙配合  b) 过盈配合  c) 过渡配合
1—孔的公差带  2、3、4—轴的公差带（示出了一些可能的位置）

## 2.1.2 标准公差和基本偏差

尺寸标准公差可查阅表 2-4 所列的标准公差数值，表格里公称尺寸越大，公差值也越大；公差等级数越大，精度越低，公差值也越大。公差是用于控制误差的，误差是指一批零件上某尺寸的实际变动量。因此，制定的公差值应反映误差规律。

表 2-4 标准公差数值（摘自 GB/T 1800.1—2020）

| 公差等级 | IT01 | IT0 | IT1 | IT2 | IT3 | IT4 | IT5 | IT6 | IT7 | IT8 | IT9 | IT10 | IT11 | IT12 | IT13 | IT14 | IT15 | IT16 | IT17 | IT18 |
|---|---|---|---|---|---|---|---|---|---|---|---|---|---|---|---|---|---|---|---|---|
| 公称尺寸/mm | | | | | /μm | | | | | | | | | /mm | | | | | | |
| 大于 / 至 | | | | | | | | | | | | | | | | | | | | |
| — / 3 | 0.3 | 0.5 | 0.8 | 1.2 | 2 | 3 | 4 | 6 | 10 | 14 | 25 | 40 | 60 | 0.10 | 0.14 | 0.25 | 0.40 | 0.60 | 1.0 | 1.4 |
| 3 / 6 | 0.4 | 0.6 | 1 | 1.5 | 2.5 | 4 | 5 | 8 | 12 | 18 | 30 | 48 | 75 | 0.12 | 0.18 | 0.30 | 0.48 | 0.75 | 1.2 | 1.8 |
| 6 / 10 | 0.4 | 0.6 | 1 | 1.5 | 2.5 | 4 | 6 | 9 | 15 | 22 | 36 | 58 | 90 | 0.15 | 0.22 | 0.36 | 0.58 | 0.90 | 1.5 | 2.2 |
| 10 / 18 | 0.5 | 0.8 | 1.2 | 2 | 3 | 5 | 8 | 11 | 18 | 27 | 43 | 70 | 110 | 0.18 | 0.27 | 0.43 | 0.70 | 1.10 | 1.8 | 2.7 |
| 18 / 30 | 0.6 | 1 | 1.5 | 2.5 | 4 | 6 | 9 | 13 | 21 | 33 | 52 | 84 | 130 | 0.21 | 0.33 | 0.52 | 0.84 | 1.30 | 2.1 | 3.3 |
| 30 / 50 | 0.6 | 1 | 1.5 | 2.5 | 4 | 7 | 11 | 16 | 25 | 39 | 62 | 100 | 160 | 0.25 | 0.39 | 0.62 | 1.00 | 1.60 | 2.5 | 3.9 |
| 50 / 80 | 0.8 | 1.2 | 2 | 3 | 5 | 8 | 13 | 19 | 30 | 46 | 74 | 120 | 190 | 0.30 | 0.46 | 0.74 | 1.20 | 1.90 | 3.0 | 4.6 |
| 80 / 120 | 1 | 1.5 | 2.5 | 4 | 6 | 10 | 15 | 22 | 35 | 54 | 87 | 140 | 220 | 0.35 | 0.54 | 0.87 | 1.40 | 2.20 | 3.5 | 5.4 |

（续）

| 公差等级 | | IT01 | IT0 | IT1 | IT2 | IT3 | IT4 | IT5 | IT6 | IT7 | IT8 | IT9 | IT10 | IT11 | IT12 | IT13 | IT14 | IT15 | IT16 | IT17 | IT18 |
|---|---|---|---|---|---|---|---|---|---|---|---|---|---|---|---|---|---|---|---|---|---|
| 公称尺寸/mm | | | | | | | | | | | | | | | | | | | | | |
| 大于 | 至 | /μm | | | | | | | | | | | | | /mm | | | | | | |
| 120 | 180 | 1.2 | 2 | 3.5 | 5 | 8 | 12 | 18 | 25 | 40 | 63 | 100 | 160 | 250 | 0.40 | 0.63 | 1.00 | 1.60 | 2.50 | 4.0 | 6.3 |
| 180 | 250 | 2 | 3 | 4.5 | 7 | 10 | 14 | 20 | 29 | 46 | 72 | 115 | 185 | 290 | 0.46 | 0.72 | 1.15 | 1.85 | 2.90 | 4.6 | 7.2 |
| 250 | 315 | 2.5 | 4 | 6 | 8 | 12 | 16 | 23 | 32 | 52 | 81 | 130 | 210 | 320 | 0.52 | 0.81 | 1.30 | 2.10 | 3.20 | 5.2 | 8.1 |
| 315 | 400 | 3 | 5 | 7 | 9 | 13 | 18 | 25 | 36 | 57 | 89 | 140 | 230 | 360 | 0.57 | 0.89 | 1.40 | 2.30 | 3.60 | 5.7 | 8.9 |
| 400 | 500 | 4 | 6 | 8 | 10 | 15 | 20 | 27 | 40 | 63 | 97 | 155 | 250 | 400 | 0.63 | 0.97 | 1.55 | 2.50 | 4.00 | 6.3 | 9.7 |

基本偏差是用以确定公差带相对零线位置的那个极限偏差，可以是上极限偏差或下极限偏差，一般是指靠近零线的那个偏差，如表2-5和图2-4所示。

表2-5 孔与轴的基本偏差

| 基本偏差代号及其特点，见图2-4 | 轴 | a~zc，28种基本偏差 |
|---|---|---|
| | 孔 | A~ZC，28种基本偏差 |
| 轴的基本偏差，数值见表2-6 | | $es=ei+T_s$ 或 $ei=es-T_s$ |
| 孔的基本偏差，数值见表2-7 | | 一般情况 $EI=-es$ 或 $ES=-ei$ |
| | | 特殊情况：公称尺寸>3~500mm，标准公差等级≤IT8的K、M、N和标准公差等级≤IT7的P~ZC，孔和轴的基本偏差的符号相反，绝对值相差一个Δ值，即 $ES=-ei+\Delta$，$\Delta=ITn-IT(n-1)$ 或在孔比轴低一级时 $\Delta=T_h-T_s$ |

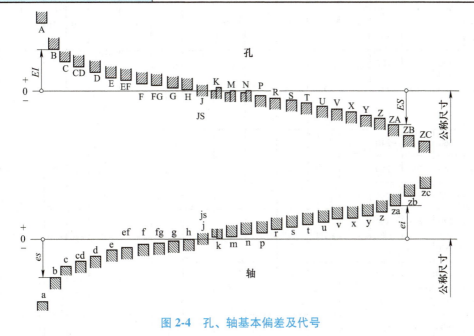

图2-4 孔、轴基本偏差及代号

基本偏差数值是经过经验公式计算得到的，实际使用时可查表2-6和表2-7。

表 2-6 轴的基本偏差数值（GB/T 1800.1—2020）

| 公称尺寸 /mm | | 基本偏差/μm | | | | | | | | | | | | | | |
|---|---|---|---|---|---|---|---|---|---|---|---|---|---|---|---|---|
| | | 上极限偏差 es | | | | | | | | | | 下极限偏差 ei | | | | |
| | | 所有公差等级 | | | | | | | | | | IT5, IT6 | IT7 | IT8 | IT4~IT7 | ≤IT3, >IT7 |
| 大于 | 至 | a | b | c | cd | d | e | ef | f | fg | g | h | js | j | | k | |
| — | 3 | -270 | -140 | -60 | -34 | -20 | -14 | -10 | -6 | -4 | -2 | 0 | | -2 | -4 | -6 | 0 | 0 |
| 3 | 6 | -270 | -140 | -70 | -46 | -30 | -20 | -14 | -10 | -6 | -4 | 0 | | -2 | -4 | | +1 | 0 |
| 6 | 10 | -280 | -150 | -80 | -56 | -40 | -25 | -18 | -13 | -8 | -5 | 0 | | -2 | -5 | | +1 | 0 |
| 10 | 14 | -290 | -150 | -95 | -70 | -50 | -32 | -23 | -16 | -10 | -6 | 0 | 偏差等于±ITn/2，n是标准公差等级数 | -3 | -6 | | +1 | 0 |
| 14 | 18 | | | | | | | | | | | | | | | | | |
| 18 | 24 | -300 | -160 | -110 | -85 | -65 | -40 | -25 | -20 | -12 | -7 | 0 | | -4 | -8 | | +2 | 0 |
| 24 | 30 | | | | | | | | | | | | | | | | | |
| 30 | 40 | -310 | -170 | -120 | -100 | -80 | -50 | -35 | -25 | -15 | -9 | 0 | | -5 | -10 | | +2 | 0 |
| 40 | 50 | -320 | -180 | -130 | | | | | | | | | | | | | | |
| 50 | 65 | -340 | -190 | -140 | | -100 | -60 | | -30 | | -10 | 0 | | -7 | -12 | | +2 | 0 |
| 65 | 80 | -360 | -200 | -150 | | | | | | | | | | | | | | |
| 80 | 100 | -380 | -220 | -170 | | -120 | -72 | | -36 | | -12 | 0 | | -9 | -15 | | +3 | 0 |
| 100 | 120 | -410 | -240 | -180 | | | | | | | | | | | | | | |
| 120 | 140 | -460 | -260 | -200 | | -145 | -85 | | -43 | | -14 | 0 | | -11 | -18 | | +3 | 0 |
| 140 | 160 | -520 | -280 | -210 | | | | | | | | | | | | | | |
| 160 | 180 | -580 | -310 | -230 | | | | | | | | | | | | | | |
| 180 | 200 | -660 | -340 | -240 | | -170 | -100 | | -50 | | -15 | 0 | | -13 | -21 | | +4 | 0 |
| 200 | 225 | -740 | -380 | -260 | | | | | | | | | | | | | | |
| 225 | 250 | -820 | -420 | -280 | | | | | | | | | | | | | | |
| 250 | 280 | -920 | -480 | -300 | | -190 | -110 | | -56 | | -17 | 0 | | -16 | -26 | | +4 | 0 |
| 280 | 315 | -1050 | -540 | -330 | | | | | | | | | | | | | | |
| 315 | 355 | -1200 | -600 | -360 | | -210 | -125 | | -62 | | -18 | 0 | | -18 | -28 | | +4 | 0 |
| 355 | 400 | -1350 | -680 | -400 | | | | | | | | | | | | | | |
| 400 | 450 | -1500 | -760 | -440 | | -230 | -135 | | -68 | | -20 | 0 | | -20 | -32 | | +5 | 0 |
| 450 | 500 | -1650 | -840 | -480 | | | | | | | | | | | | | | |

(续)

| 公称尺寸/mm | | 基本偏差/μm 下极限偏差 ei 所有公差等级 | | | | | | | | | | | |
|---|---|---|---|---|---|---|---|---|---|---|---|---|---|
| 大于 | 至 | m | n | p | r | s | t | u | v | x | y | z | za | zb | zc |
| — | 3 | +2 | +4 | +6 | +10 | +14 | | +18 | | +20 | | +26 | +32 | +40 | +60 |
| 3 | 6 | +4 | +8 | +12 | +15 | +19 | | +23 | | +28 | | +35 | +42 | +50 | +80 |
| 6 | 10 | +6 | +10 | +15 | +19 | +23 | | +28 | | +34 | | +42 | +52 | +67 | +97 |
| 10 | 14 | +7 | +12 | +18 | +23 | +28 | | +33 | | +40 | | +50 | +64 | +90 | +130 |
| 14 | 18 | +7 | +12 | +18 | +23 | +28 | | +33 | +39 | +45 | | +60 | +77 | +108 | +150 |
| 18 | 24 | +8 | +15 | +22 | +28 | +35 | | +41 | +47 | +54 | +63 | +73 | +98 | +136 | +188 |
| 24 | 30 | +8 | +15 | +22 | +28 | +35 | +41 | +48 | +55 | +64 | +75 | +88 | +118 | +160 | +218 |
| 30 | 40 | +9 | +17 | +26 | +34 | +43 | +48 | +60 | +68 | +80 | +94 | +112 | +148 | +200 | +274 |
| 40 | 50 | +9 | +17 | +26 | +34 | +43 | +54 | +70 | +81 | +97 | +114 | +136 | +180 | +242 | +325 |
| 50 | 65 | +11 | +20 | +32 | +41 | +53 | +66 | +87 | +102 | +122 | +144 | +172 | +226 | +300 | +405 |
| 65 | 80 | +11 | +20 | +32 | +43 | +59 | +75 | +102 | +120 | +146 | +174 | +210 | +274 | +360 | +480 |
| 80 | 100 | +13 | +23 | +37 | +51 | +71 | +91 | +124 | +146 | +178 | +214 | +258 | +335 | +445 | +585 |
| 100 | 120 | +13 | +23 | +37 | +54 | +79 | +104 | +144 | +172 | +210 | +254 | +310 | +400 | +525 | +690 |
| 120 | 140 | +15 | +27 | +43 | +63 | +92 | +122 | +170 | +202 | +248 | +300 | +365 | +470 | +620 | +800 |
| 140 | 160 | +15 | +27 | +43 | +65 | +100 | +134 | +190 | +228 | +280 | +340 | +415 | +535 | +700 | +900 |
| 160 | 180 | +15 | +27 | +43 | +68 | +108 | +146 | +210 | +252 | +310 | +380 | +465 | +600 | +780 | +1000 |
| 180 | 200 | +17 | +31 | +50 | +77 | +122 | +166 | +236 | +284 | +350 | +425 | +520 | +670 | +880 | +1150 |
| 200 | 225 | +17 | +31 | +50 | +80 | +130 | +180 | +258 | +310 | +385 | +470 | +575 | +740 | +960 | +1250 |
| 225 | 250 | +17 | +31 | +50 | +84 | +140 | +196 | +284 | +340 | +425 | +520 | +640 | +820 | +1050 | +1350 |
| 250 | 280 | +20 | +34 | +56 | +94 | +158 | +218 | +315 | +385 | +475 | +580 | +710 | +920 | +1200 | +1550 |
| 280 | 315 | +20 | +34 | +56 | +98 | +170 | +240 | +350 | +425 | +525 | +650 | +790 | +1000 | +1300 | +1700 |
| 315 | 355 | +21 | +37 | +62 | +108 | +190 | +268 | +390 | +475 | +590 | +730 | +900 | +1150 | +1500 | +1900 |
| 355 | 400 | +21 | +37 | +62 | +114 | +208 | +294 | +435 | +530 | +660 | +820 | +1000 | +1300 | +1650 | +2100 |
| 400 | 450 | +23 | +40 | +68 | +126 | +232 | +330 | +490 | +595 | +740 | +920 | +1100 | +1450 | +1850 | +2400 |
| 450 | 500 | +23 | +40 | +68 | +132 | +252 | +360 | +540 | +660 | +820 | +1000 | +1250 | +1600 | +2100 | +2600 |

注：公称尺寸≤1mm 时，基本偏差 a 和 b 均不采用。

表 2-7 孔的基本偏差数值（GB/T 1800.1—2020）

| 公称尺寸 /mm | | 基本偏差/μm | | | | | | | | | | | | | | | | | | |
|---|---|---|---|---|---|---|---|---|---|---|---|---|---|---|---|---|---|---|---|---|
| | | 下极限偏差 EI | | | | | | | | | | | | 上极限偏差 ES | | | | | | |
| | | 所有公差等级 | | | | | | | | | | | IT6 | IT7 | IT8 | ≤IT8 | >IT8 | ≤IT8 | >IT8 | ≤IT8 | >IT8 |
| 大于 | 至 | A | B | C | CD | D | E | EF | F | FG | G | H | | | J | K | | M | | N | |
| — | 3 | +270 | +140 | +60 | +34 | +20 | +14 | +10 | +6 | +4 | +2 | 0 | +2 | +4 | +6 | 0 | 0 | −2 | −2 | −4 | −4 |
| 3 | 6 | +270 | +140 | +70 | +46 | +30 | +20 | +14 | +10 | +6 | +4 | 0 | +5 | +6 | +10 | −1+Δ | | −4+Δ | −4 | −8+Δ | 0 |
| 6 | 10 | +280 | +150 | +80 | +56 | +40 | +25 | +18 | +13 | +8 | +5 | 0 | +5 | +8 | +12 | −1+Δ | | −6+Δ | −6 | −10+Δ | 0 |
| 10 | 14 | +290 | +150 | +95 | +70 | +50 | +32 | +23 | +16 | +10 | +6 | 0 | +6 | +10 | +15 | −1+Δ | | −7+Δ | −7 | −12+Δ | 0 |
| 14 | 18 | | | | | | | | | | | | | | | | | | | | |
| 18 | 24 | +300 | +160 | +110 | +85 | +65 | +40 | +28 | +20 | +12 | +7 | 0 | +8 | +12 | +20 | −2+Δ | | −8+Δ | −8 | −15+Δ | 0 |
| 24 | 30 | | | | | | | | | | | | | | | | | | | | |
| 30 | 40 | +310 | +170 | +120 | +100 | +80 | +50 | +35 | +25 | +15 | +9 | 0 | +10 | +14 | +24 | −2+Δ | | −9+Δ | −9 | −17+Δ | 0 |
| 40 | 50 | +320 | +180 | +130 | | | | | | | | | | | | | | | | | |
| 50 | 65 | +340 | +190 | +140 | | +100 | +60 | | +30 | | +10 | 0 | +13 | +18 | +28 | −2+Δ | | −11+Δ | −11 | −20+Δ | 0 |
| 65 | 80 | +360 | +200 | +150 | | | | | | | | | | | | | | | | | |
| 80 | 100 | +380 | +220 | +170 | | +120 | +72 | | +36 | | +12 | 0 | +16 | +22 | +34 | −3+Δ | | −13+Δ | −13 | −23+Δ | 0 |
| 100 | 120 | +410 | +240 | +180 | | | | | | | | | | | | | | | | | |
| 120 | 140 | +460 | +260 | +200 | | +145 | +85 | | +43 | | +14 | 0 | +18 | +26 | +41 | −3+Δ | | −15+Δ | −15 | −27+Δ | 0 |
| 140 | 160 | +520 | +280 | +210 | | | | | | | | | | | | | | | | | |
| 160 | 180 | +580 | +310 | +230 | | | | | | | | | | | | | | | | | |
| 180 | 200 | +660 | +340 | +240 | | +170 | +100 | | +50 | | +15 | 0 | +22 | +30 | +47 | −4+Δ | | −17+Δ | −17 | −31+Δ | 0 |
| 200 | 225 | +740 | +380 | +260 | | | | | | | | | | | | | | | | | |
| 225 | 250 | +820 | +420 | +280 | | | | | | | | | | | | | | | | | |
| 250 | 280 | +920 | +480 | +300 | | +190 | +110 | | +56 | | +17 | 0 | +25 | +36 | +55 | −4+Δ | | −20+Δ | −20 | −34+Δ | 0 |
| 280 | 315 | +1050 | +540 | +330 | | | | | | | | | | | | | | | | | |
| 315 | 355 | +1200 | +600 | +360 | | +210 | +125 | | +62 | | +18 | 0 | +29 | +39 | +60 | −4+Δ | | −21+Δ | −21 | −37+Δ | 0 |
| 355 | 400 | +1350 | +680 | +400 | | | | | | | | | | | | | | | | | |
| 400 | 450 | +1500 | +760 | +440 | | +230 | +135 | | +68 | | +20 | 0 | +33 | +43 | +66 | −5+Δ | | −23+Δ | −23 | −40+Δ | 0 |
| 450 | 500 | +1650 | +840 | +480 | | | | | | | | | | | | | | | | | |

（续）

| 公称尺寸/mm | | 基本偏差/μm 上极限偏差 ES 公差等级 | | | | | | | | | | | | | Δ值 标准公差等级 | | | | | | |
|---|---|---|---|---|---|---|---|---|---|---|---|---|---|---|---|---|---|---|---|---|---|
| 大于 | 至 | ≤IT7 P~ZC | P | R | S | T | U | V | X | Y | Z | ZA | ZB | ZC | IT3 | IT4 | IT5 | IT6 | IT7 | IT8 |
| — | 3 | 在大于IT7的标准公差等级的基本偏差数值上增加一个Δ | −6 | −10 | −14 | | −18 | | −20 | | −26 | −32 | −40 | −60 | 0 | 0 | 0 | 0 | 0 | 0 |
| 3 | 6 | | −12 | −15 | −19 | | −23 | | −28 | | −35 | −42 | −50 | −80 | 1 | 1.5 | 1 | 3 | 4 | 6 |
| 6 | 10 | | −15 | −19 | −23 | | −28 | | −34 | | −42 | −52 | −67 | −97 | 1 | 1.5 | 2 | 3 | 6 | 7 |
| 10 | 14 | | −18 | −23 | −28 | | −33 | | −40 | | −50 | −64 | −90 | −130 | 1 | 2 | 3 | 3 | 7 | 9 |
| 14 | 18 | | | | | | | −39 | −45 | | −60 | −77 | −108 | −150 | | | | | | |
| 18 | 24 | | −22 | −28 | −35 | | −41 | −47 | −54 | −63 | −73 | −98 | −136 | −188 | 1.5 | 2 | 3 | 4 | 8 | 12 |
| 24 | 30 | | | | | −41 | −48 | −55 | −64 | −75 | −88 | −118 | −160 | −218 | | | | | | |
| 30 | 40 | | −26 | −34 | −43 | −48 | −60 | −68 | −80 | −94 | −112 | −148 | −200 | −274 | 1.5 | 3 | 4 | 5 | 9 | 14 |
| 40 | 50 | | | | | −54 | −70 | −81 | −97 | −114 | −136 | −180 | −242 | −325 | | | | | | |
| 50 | 65 | | −32 | −41 | −53 | −66 | −87 | −102 | −122 | −144 | −172 | −226 | −300 | −405 | 2 | 3 | 5 | 6 | 11 | 16 |
| 65 | 80 | | | −43 | −59 | −75 | −102 | −120 | −146 | −174 | −210 | −274 | −360 | −480 | | | | | | |
| 80 | 100 | | −37 | −51 | −71 | −91 | −124 | −146 | −178 | −214 | −258 | −335 | −445 | −585 | 2 | 4 | 5 | 7 | 13 | 19 |
| 100 | 120 | | | −54 | −79 | −104 | −144 | −172 | −210 | −254 | −310 | −400 | −525 | −690 | | | | | | |
| 120 | 140 | | −43 | −63 | −92 | −122 | −170 | −202 | −248 | −300 | −365 | −470 | −620 | −800 | 3 | 4 | 6 | 7 | 15 | 23 |
| 140 | 160 | | | −65 | −100 | −134 | −190 | −228 | −280 | −340 | −415 | −535 | −700 | −900 | | | | | | |
| 160 | 180 | | | −68 | −108 | −146 | −210 | −252 | −310 | −380 | −465 | −600 | −780 | −1000 | | | | | | |
| 180 | 200 | | −50 | −77 | −122 | −166 | −236 | −284 | −350 | −425 | −520 | −670 | −880 | −1150 | 3 | 4 | 6 | 9 | 17 | 26 |
| 200 | 225 | | | −80 | −130 | −180 | −258 | −310 | −385 | −470 | −575 | −740 | −960 | −1250 | | | | | | |
| 225 | 250 | | | −84 | −140 | −196 | −284 | −340 | −425 | −520 | −640 | −820 | −1050 | −1350 | | | | | | |
| 250 | 280 | | −56 | −94 | −158 | −218 | −315 | −385 | −475 | −580 | −710 | −920 | −1200 | −1550 | 4 | 4 | 7 | 9 | 20 | 29 |
| 280 | 315 | | | −98 | −170 | −240 | −350 | −425 | −525 | −650 | −790 | −1000 | −1300 | −1700 | | | | | | |
| 315 | 355 | | −62 | −108 | −190 | −268 | −390 | −475 | −590 | −730 | −900 | −1150 | −1500 | −1900 | 4 | 5 | 7 | 11 | 21 | 32 |
| 355 | 400 | | | −114 | −208 | −294 | −435 | −530 | −660 | −820 | −1000 | −1300 | −1650 | −2100 | | | | | | |
| 400 | 450 | | −68 | −126 | −232 | −330 | −490 | −595 | −740 | −920 | −1100 | −1450 | −1850 | −2400 | 5 | 5 | 7 | 13 | 23 | 34 |
| 450 | 500 | | | −132 | −252 | −360 | −540 | −660 | −820 | −1000 | −1250 | −1600 | −2100 | −2600 | | | | | | |

注：1. 公称尺寸≤1mm时，基本偏差A和B均不采用。
2. 公差带为H和JS的基本偏差在表中未列出，H的基本偏差为下极限偏差（EI=0），JS的基本偏差为公差值的一半（EI=−IT/2，ES=+IT/2）（IT值的单位是μm）。
3. 特殊情况：250~315mm段的M6，ES=−9μm（代替−11μm）。
4. 对于≤IT8的K、M、N和≤IT7的P~ZC，所需Δ值从表内右侧选取，例如，18~30mm段的K7，Δ=8μm，ES=−2μm+Δ=+6μm。

### 2.1.3 极限与配合的标注

**1. 零件图**

极限与配合在孔与轴上的标注如图 2-5 所示,可用公称尺寸加基本偏差代号与等级或直接加上下极限偏差。φ25 是公称尺寸,H7 是孔公差带代号,表示孔的基本偏差代号是 H,标准公差等级是 IT7;s6 是轴公差带代号,表示轴的基本偏差代号是 s,标准公差等级是 IT6。

**2. 装配图**

在装配图中,配合代号写成分数形式,分子为孔的公差带代号,分母为轴的公差带代号,如 H7/s6。图 2-5 中的孔与轴在装配图上的公差配合标注如图 2-6 所示。

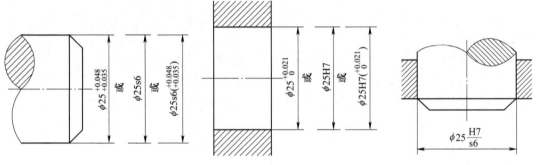

图 2-5 零件图的尺寸公差标注　　　　图 2-6 装配图公差配合标注

### 2.1.4 常用和优先的公差带与配合

公差带代号应尽可能从图 2-7 和图 2-8 分别给出的孔和轴相应的公差带代号中选取。框中所示的公差带代号应优先选取。

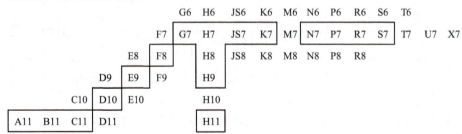

图 2-7 常用和优先的孔公差带（GB/T 1800.1—2020）

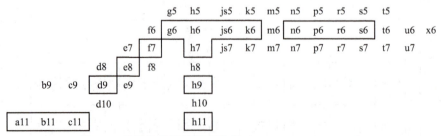

图 2-8 常用和优先的轴公差带（GB/T 1800.1—2020）

极限与配合公差制给出了多种公差带代号,通过对公差带代号选取的限制,可以避免工具和量具不必要的多样性。在此基础上,国家标准又规定了基孔制常用配合 45 种,优先配合 16 种,见表 2-8。基轴制常用配合 38 种,优先配合 18 种,见表 2-9。

表 2-8 基孔制优先、常用配合(GB/T 1800.1—2020)

| 基准孔 | 轴公差带代号 | | | | | | | | | | | | | | | | | | | | |
|---|---|---|---|---|---|---|---|---|---|---|---|---|---|---|---|---|---|---|---|---|---|
| | 间隙配合 | | | | | | | 过渡配合 | | | | 过盈配合 | | | | | | | | | |
| H6 | | | | | | g5 | h5 | js5 | k5 | m5 | | n5 | p5 | | | | | | | | |
| H7 | | | | f6 | | g6 | h6 | js6 | k6 | m6 | n6 | | p6 | r6 | s6 | t6 | u6 | x6 | | | |
| H8 | | | | e7 | f7 | | h7 | js7 | k7 | m7 | | | | | s7 | | u7 | | | | |
| H8 | | | d8 | e8 | f8 | | h8 | | | | | | | | | | | | | | |
| H9 | | | d8 | e8 | f8 | | h8 | | | | | | | | | | | | | | |
| H10 | b9 | c9 | d9 | e9 | | | h9 | | | | | | | | | | | | | | |
| H11 | b11 | c11 | d10 | | | | h10 | | | | | | | | | | | | | | |

注:1. H6/n5、H7/p6 在公称尺寸小于或等于 3mm 时为过渡配合。
2. 方框标注的配合为优先配合。

表 2-9 基轴制优先、常用配合(GB/T 1800.1—2020)

| 基准轴 | 孔公差带代号 | | | | | | | | | | | | | | | |
|---|---|---|---|---|---|---|---|---|---|---|---|---|---|---|---|---|
| | 间隙配合 | | | | | | 过渡配合 | | | | 过盈配合 | | | | | |
| h5 | | | | | G6 | H6 | JS6 | K6 | M6 | | N6 | P6 | | | | |
| h6 | | | | F7 | G7 | H7 | JS7 | K7 | M7 | N7 | | P7 | R7 | S7 | T7 | U7 | X7 |
| h7 | | | E8 | F8 | | H8 | | | | | | | | | | |
| h8 | | D9 | E9 | F9 | | H9 | | | | | | | | | | |
| h9 | | | E8 | F8 | | H8 | | | | | | | | | | |
| h9 | | D9 | E9 | F9 | | H9 | | | | | | | | | | |
| h9 | B11 | C10 | D10 | | | H10 | | | | | | | | | | |

注:方框标注的配合为优先配合。

### 任务实施

图 2-1 中齿轮 3 和输出轴 1 的配合为 $\phi 56H7/k6$。

$\phi 56H7$ 是齿轮孔的公差带,代号为 H 的孔基本偏差为 $EI=0$,查表 2-4 得到 $IT7=30\mu m$,$ES=EI+IT7=30\mu m$。

$\phi 56k6$ 是输出轴的公差带,查表 2-6 得到代号为 k 的轴基本偏差为 $ei=2\mu m$,查表 2-4 得到 $IT6=19\mu m$,$es=ei+IT6=21\mu m$。

公差带图如图 2-9 所示,根据公差带图可以判断是过渡配合。

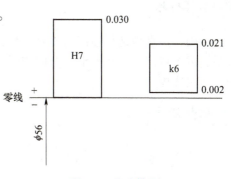

图 2-9 公差带图

配合的性质也可以用最大间隙（最小过盈）$X_{max}$ 和最小间隙（最大过盈）$X_{min}$ 来判断。$X_{max} = ES - ei = (30 - 2)\mu m = 28\mu m$，结果为正，是最大间隙。$X_{min} = EI - es = (0 - 21)\mu m = -21\mu m$，结果为负，是最大过盈。由于 $X_{max}>0$，$X_{min}<0$，所以是过渡配合。

### 任务评价

| 序号 | 考核项目 | 考核内容 | 检验规则 | 分值 小组自评(20%) | 小组互评(40%) | 教师评分(40%) |
|---|---|---|---|---|---|---|
| 1 | 基本偏差 | 查表得到 φ56H7 和 k6 的基本偏差数值 | 10 分/考核点，共 20 分 | | | |
| 2 | 公差数值 | 查表得到 IT6 和 IT7 的公差数值 | 10 分/考核点，共 20 分 | | | |
| 3 | 另外一个偏差 | 通过计算得到另一个偏差 | 10 分/考核点，共 20 分 | | | |
| 4 | 公差带图 | 根据数据绘制公差带图 | 20 分/考核点，共 20 分 | | | |
| 5 | 配合性质的判断 | 使用公式计算和公差带图判断配合性质 | 10 分/考核点，共 20 分 | | | |
| | | 总分 | 100 分 | | | |
| | | 合计 | | | | |

## 任务 2.2　减速器的尺寸精度设计

### 任务描述

如图 2-10 所示的圆柱齿轮减速器，已知传递的功率 $P = 100kW$，转速 $n_1 = 750r/min$，稍有冲击，在中小型工厂小批量生产，不需要经常拆卸。选择以下几处的公差等级和配合：

①输入轴 1 轴径和联轴器（φ30）、输出轴 2 轴径和联轴器（φ45）。
②输出轴 2 和齿轮 3（φ56）。画出公差带图，并与任务 2.1 中的公差带图进行比较。

### 任务分析

正确、合理地选择极限与配合是机械设计和制造中的一项重要工作，对产品的使用性能和制造成本将产生直接影响。极限与配合的选择主要包括基准制、公差等级和配合种类这三个方面的选择。

### 相关知识

#### 2.2.1　基准制的选择

基准制的选择主要是从经济方面考虑，同时兼顾功能、结构、工艺条件和其他方面的要求。

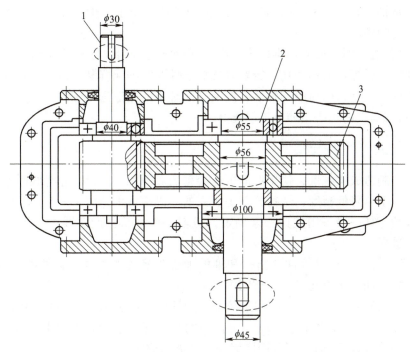

图 2-10 一级直齿圆柱齿轮减速器示意图（虚线框出部分需要选择公差等级和配合）
1—输入轴  2—输出轴  3—齿轮

1）一般情况下优先选用基孔制。由于同等精度的内孔加工比外圆加工困难、成本高，因此从工艺性和经济性考虑，应优先选用基孔制。

2）在下列情况下，应选用基轴制：

①由冷拉棒材、冷拔钢管作为轴使用，表面不再或不能进行切削加工，应选基轴制。

②公称尺寸相同的一根轴与几个零件孔配合，且有不同的配合性质，应选基轴制。

图 2-11 所示为发动机活塞销（轴）与连杆衬套（孔）、活塞销孔之间的配合。活塞销中间部分与连杆衬套为间隙配合，而活塞销的两端与活塞销孔之间采用过渡配合，如图 2-11a 所示。如果采用基孔制配合，间隙配合选 H6/h5，过渡配合选 H6/m5，轴和孔的公差带就会出现如图 2-11b 所示的情况，不但活塞销加工不方便，而且装配时容易将连杆衬套

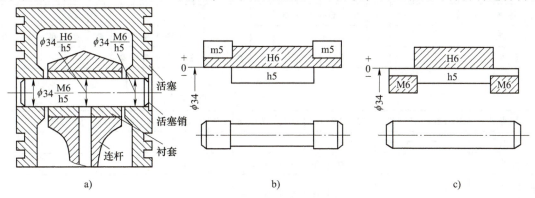

图 2-11 基轴制配合选择示例

挤坏。而采用基轴制配合,轴和孔的公差带就如图 2-11c 所示,轴变成光轴,加工方便,也解决了装配上的问题。

3) 与标准件配合时,应以标准件为基准件来确定配合制。标准件在制造时其配合部位的配合制已确定,所配合的轴和孔一定要服从标准件既定的配合制。例如,与滚动轴承内圈配合的轴应选用基孔制,而与滚动轴承外圈配合的轴承座孔应选基轴制。

4) 在有特殊需要时可采用非基准制配合。

### 2.2.2 公差等级的选择

精度越低,制造成本越低,使用性能可能会越低。因此,选择公差等级时,需要在满足使用要求的前提下,降低精度,选择公差等级大的,以降低生产成本。

公差等级的选择一般采用类比法来确定,也就是参考从生产实践中总结出来的经验资料,进行比较选择。

1) 工艺等价性。工艺等价性是指孔和轴的加工难易程度相同。在标准公差等级≤IT8 时,中小尺寸的孔加工比相同尺寸、相同等级的轴要困难。

①公称尺寸≤500mm,对于间隙和过渡配合中孔的标准公差等级≤IT8 和过盈配合中孔的标准公差等级≤IT7,轴比孔小一级,使孔轴的加工难易程度尽量相同,如 H8/f7、H7/u6。当标准公差等级≥IT8 时,可采用同级公差,如 H8/f8。

②公称尺寸>500mm,采用同级孔轴配合。

③公称尺寸≤3mm,采用同级的孔轴配合,孔比轴高一级或低一级在生产实际中均有。

2) 配合性质。过渡、过盈配合,公差等级不宜太大(一般孔的标准公差等级≤IT8,轴的标准公差等级≤IT7);对于间隙配合,间隙小的公差等级应较小,间隙大的公差等级应较大。

3) 相配合零部件的精度要匹配。用类比法选择公差等级时,应熟悉各个公差等级的应用范围和各种加工方法所能达到的公差等级,具体参见表 2-10~表 2-12。

表 2-10 公差等级的应用

| 应用 | IT01 | IT0 | IT1 | IT2 | IT3 | IT4 | IT5 | IT6 | IT7 | IT8 | IT9 | IT10 | IT11 | IT12 | IT13 | IT14 | IT15 | IT16 | IT17 | IT18 |
|---|---|---|---|---|---|---|---|---|---|---|---|---|---|---|---|---|---|---|---|---|
| 量块 | ● | ● | ● |  |  |  |  |  |  |  |  |  |  |  |  |  |  |  |  |  |
| 量规 |  |  |  | ● | ● | ● | ● | ● | ● |  |  |  |  |  |  |  |  |  |  |  |
| 配合尺寸 |  |  |  |  |  |  | ● | ● | ● | ● | ● | ● | ● |  |  |  |  |  |  |  |
| 特别精密零件 |  |  |  | ● | ● | ● |  |  |  |  |  |  |  |  |  |  |  |  |  |  |
| 非配合尺寸 |  |  |  |  |  |  |  |  |  |  |  |  |  | ● | ● | ● | ● | ● | ● | ● |
| 原材料 |  |  |  |  |  |  |  |  | ● | ● | ● | ● | ● |  |  |  |  |  |  |  |

表 2-11 各种加工方法可达到的公差等级

| 加工方法 | IT01 | IT0 | IT1 | IT2 | IT3 | IT4 | IT5 | IT6 | IT7 | IT8 | IT9 | IT10 | IT11 | IT12 | IT13 | IT14 | IT15 | IT16 | IT17 | IT18 |
|---|---|---|---|---|---|---|---|---|---|---|---|---|---|---|---|---|---|---|---|---|
| 研磨 | ● | ● | ● | ● | ● | ● | ● |  |  |  |  |  |  |  |  |  |  |  |  |  |
| 珩磨 |  |  |  |  |  | ● | ● | ● | ● |  |  |  |  |  |  |  |  |  |  |  |
| 圆磨、平磨、拉削 |  |  |  |  |  |  | ● | ● | ● | ● |  |  |  |  |  |  |  |  |  |  |

(续)

| 加工方法 | IT01 | IT0 | IT1 | IT2 | IT3 | IT4 | IT5 | IT6 | IT7 | IT8 | IT9 | IT10 | IT11 | IT12 | IT13 | IT14 | IT15 | IT16 | IT17 | IT18 |
|---|---|---|---|---|---|---|---|---|---|---|---|---|---|---|---|---|---|---|---|---|
| 金刚石车、镗 | | | | | | | ● | ● | ● | | | | | | | | | | | |
| 铰孔 | | | | | | | | ● | ● | ● | ● | ● | | | | | | | | |
| 精车、精镗 | | | | | | | | | ● | ● | ● | | | | | | | | | |
| 粗车、粗镗 | | | | | | | | | | | | ● | ● | ● | | | | | | |
| 铣 | | | | | | | | | | ● | ● | ● | | | | | | | | |
| 刨、插 滚压、挤压 | | | | | | | | | | | | ● | ● | | | | | | | |
| 冲压 | | | | | | | | | | | | ● | ● | ● | ● | | | | | |
| 锻造 | | | | | | | | | | | | | | | | | ● | ● | | |
| 砂型铸造 金属型铸造 | | | | | | | | | | | | | | | | ● | ● | | | |
| 气割 | | | | | | | | | | | | | | | | | ● | ● | ● | ● |

表 2-12　常用公差等级 IT5～IT12 的应用

| 公差等级 | 应　　用 |
|---|---|
| IT5（孔 IT6） | 主要用在配合公差、形状公差要求很小的地方，其配合性质稳定，一般在机床、发动机、仪表等重要部位应用。如：与 5 级滚动轴承配合的轴承座孔；与 6 级滚动轴承配合的机床主轴，机床尾架与套筒，精密机械及高速机械中轴颈，精密丝杠轴颈 |
| IT6（孔 IT7） | 配合性质能达到较高的均匀性。如：与 6 级滚动轴承配合的孔、轴颈；与齿轮、蜗轮、联轴器、带轮、凸轮等连接的轴颈；摇臂钻立柱；机床夹具中导向件外径尺寸；6 级精度齿轮的基准孔，7、8 级精度齿轮基准轴 |
| IT7 | 在一般机械制造中应用较为普遍。如：联轴器、带轮、凸轮等的孔径；机床夹盘座孔；夹具中固定钻套，可换钻套；7、8 级齿轮基准孔，9、10 级齿轮基准轴 |
| IT8 | 属于中等精度。如轴承衬套沿宽度方向尺寸，9~12 级齿轮基准孔；11~12 级齿轮基准轴 |
| IT9、IT10 | 轴套外径与孔；操纵件与轴；带轮与轴；单键与花键 |
| IT11、IT12 | 配合精度低，装配后可能产生很大的间隙，适用于基本上没有什么配合要求的场合。如：机床上法兰盘与止口，滑块与滑移齿轮，加工中工序间的尺寸，冲压加工的配合件，机床制造中的扳手孔与扳手座的连接 |

### 2.2.3　配合的选择

选择配合的步骤可分为：配合类别的选择和非基准件基本偏差代号的选择。

#### 1. 配合类别的选择

配合类别的选取可以参考表 2-13。确定配合类别后，应尽可能地选用优先配合，其次是常用配合。

表 2-13 配合类别选择的一般方法

| 无相对运动 | 要传递扭矩 | 精确同轴 | 永久结合 | 过盈配合 |
| --- | --- | --- | --- | --- |
| | | | 可拆结合 | 过盈配合或基本偏差为 H(h) 的间隙配合加紧固件（销钉和螺钉等） |
| | | 不用精确同轴 | | 键等间隙配合加紧固件（销钉和螺钉等） |
| | 不用传递扭矩 | | | 过渡配合或小的过盈配合 |
| 有相对运动 | 只有移动 | | | 基本偏差为 H(h)、G(g) 等间隙配合 |
| | 转动或转动和移动的复合运动 | | | 基本偏差为 A~F(a~f) 等间隙配合 |

**2. 非基准件基本偏差代号的选择**

选择方法有三种：计算法、试验法和类比法。在生产中，类比法最常用。运用这种方法，要掌握各种配合的特征和应用，再根据具体使用要求来选择配合种类。表 2-14 所列为优先配合的选用说明，可供参考。

表 2-14 优先配合的选用说明

| 优先配合 | | 说　　明 |
| --- | --- | --- |
| 基孔制 | 基轴制 | |
| H11/c11 | C11/h11 | 间隙非常大，用于很松、转动很慢的动配合，用于工作条件较差、受力变形或为了装配方便、高温工作的配合 |
| H9/d9 | D9/h9 | 间隙很大的自由转动配合，用于精度为非主要要求时，或有大的温度变化，高转速或重载的滑动轴承配合 |
| H8/f7 | F8/h7 | 间隙不大的转动配合，用于中等转速与中等载荷的精确转动，也用于装配较容易的中等定位配合 |
| H7/g6 | G7/h6 | 间隙很小的滑动配合，用于不希望自由转动，但可自由移动和滑动并精密定位时，也可用于要求明确的定位配合。温度变化不大时，广泛用于普通润滑油润滑的支承处 |
| H7/h6<br>H8/h7<br>H9/h9<br>H11/h11 | H7/h6<br>H8/h7<br>H9/h9<br>H11/h11 | 均为间隙定位配合，零件可自由装拆，工作时一般相对静止不动，在最大实体条件下的间隙为零，在最小实体条件下的间隙由标准公差等级决定 |
| H7/k6 | K7/h6 | 过渡配合，用于精密定位并要装拆的配合 |
| H7/n6 | N7/h6 | 过渡配合，用于允许有较大过盈的更精密定位且不常拆的配合 |
| H7/p6 | P7/h6 | 过盈定位配合，即小过盈配合，用于定位精度特别重要时，能以最好的定位精度达到部件的刚性及对中性要求 |
| H7/s6 | S7/h6 | 中等压入配合，用于一般钢件，也可用于薄壁件的冷缩配合，用于铸铁件可得到最紧的配合 |
| H7/u6 | U7/h6 | 压入配合，用于可以承受高压入力的零件，或不宜承受大压入力的冷缩配合 |

**3. 工作条件对配合选择的影响**

在选择配合时，还要综合考虑工作条件的影响，见表 2-15。

表 2-15 工作条件对配合间隙和过盈的影响

| 具体情况 | 对过盈的影响 | 对间隙的影响 |
|---|---|---|
| 材料强度低 | 减小 | — |
| 材料易变形 | 增大 | 减小 |
| 经常拆卸 | 减小 | — |
| 有冲击载荷 | 增大 | 减小 |
| 工作时孔的温度高于轴的温度 | 增大 | 减小 |
| 工作时轴的温度高于孔的温度 | 减小 | 增大 |
| 结合长度较大 | 减小 | 增大 |
| 配合表面几何误差大 | 减小 | 增大 |
| 装配时可能歪斜 | 减小 | 增大 |
| 旋转速度高 | 增大 | 增大 |
| 有轴向运动 | — | 增大 |
| 润滑油黏度大 | — | 增大 |
| 单件小批量生产相对于大批量生产 | 减小 | 增大 |
| 装配精度高 | 减小 | 减小 |
| 装配精度低 | 增大 | 增大 |
| 表面粗糙 | 增大 | 减小 |

**4. 配合选择实例**

图 2-12 所示为车床溜板箱手动机构的部分结构。转动手轮 3 通过键带动轴 4 上的小齿轮、轴 7 右端的齿轮 1、轴 7 及与床身齿条（未画出）啮合的轴 7 左端的齿轮，使溜板箱沿导轨做纵向移动。

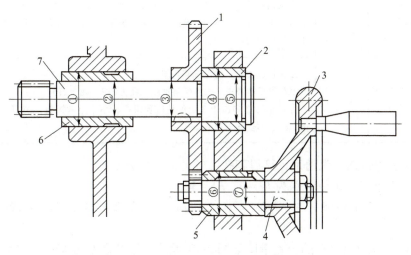

图 2-12 车床溜板箱手动机构的部分结构
1—齿轮 2、5、6—轴套 3—手轮 4、7—轴

根据溜板箱手动机构功能要求，选择经济精度，孔为 IT7，轴为 IT6，对图中各处的配合选择见表 2-16。

表 2-16　车床溜板箱手动机构的配合选择

| 位置 | 说明 | 基准制 | 配合类别的选择 | 配合代号 |
|---|---|---|---|---|
| ①φ40 | 轴套 6 与孔之间的配合 | 无特殊要求，应选基孔制 | 承受转矩，选过盈配合 | φ40H7/p6 |
| ②φ28 | 轴 7 与轴套 6 之间的配合 | ②和③是同一个轴与不同的孔之间的配合，且配合性质不同，所以选基轴制 | 有相对运动，选间隙配合 | φ28G7/h6 |
| ③φ28 | 轴 7 与齿轮 1 孔之间的配合 | | 要求定位且要装拆的，选过渡配合 | φ28K7/h6 |
| ④φ46 | 轴套 2 与孔之间的配合 | 无特殊要求，应选基孔制 | 承受转矩，选过盈配合 | φ46H7/p6 |
| ⑤φ32 | 轴 7 与轴套 2 之间的配合 | | 有相对运动，间隙配合 | φ32H7/g6 |
| ⑥φ32 | 轴套 5 与孔之间的配合 | | 承受转矩，选过盈配合 | φ32H7/p6 |
| ⑦φ18 | 轴 4 与轴套 5 之间的配合 | 轴 4 与几个不同配合性质的孔相结合，应选基轴制 | 有相对运动，选间隙配合 | φ18G7/h6 |

## 任务实施

本任务要求选择指定位置的公差等级和配合，主要可以分成以下三个步骤来实施：①选择基准制；②选择公差等级；③选择孔轴配合。具体设计方案见表 2-17。

表 2-17　公差等级和配合设计方案

| 序号 | 设计要素 | 设计方案 | 分　　析 |
|---|---|---|---|
| 1 | 输入轴 1 轴径和联轴器（φ30） | φ30H7/r6 | ①无特殊要求，优先选基孔制<br>②根据功能要求，选择经济精度，孔为 IT7，轴为 IT6<br>③联轴器是用精制螺栓连接的固定式刚性联轴器，为防止偏斜引起附加载荷，要求对中性好。可选用过渡配合或小过盈配合，而工况不要求经常拆装，故选择小过盈配合的优先配合 H7/r6 |
| 2 | 输出轴 2 轴径和联轴器（φ45） | φ45H7/r6 | |
| 3 | 输出轴 2 和齿轮 3(φ56) | φ56H7/r6 | ①无特殊要求，优先选基孔制<br>②根据功能要求，选择经济精度，孔为 IT7，轴为 IT6<br>③输出轴 2 和齿轮 3 定位精度要求高，不用经常拆装，选用小过盈配合 H7/p6(r6)，本例选 H7/r6 |

下面绘制公差带图，先通过计算得到孔、轴的极限偏差。

φ56H7 的上下极限偏差分别为 $EI = 0$，$ES = 30\mu m$。

φ56r6，查表 2-6 得到基本偏差为 $ei = 41\mu m$，查表 2-4 得到 IT6 $= 19\mu m$，$es = ei +$ IT6 $= 60\mu m$。

φ56H7/k6 和 φ56H7/r6 的公差带图如图 2-13 所示，可以看出孔 φ56H7 和轴 φ56k6 公差带相交，而孔 φ56H7 公差带则位于轴 φ56r6 公差带之下。

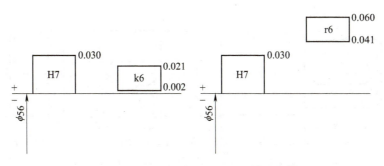

图 2-13　$\phi56H7/k6$ 和 $\phi56H7/r6$ 的公差带图

### 任务评价

| 序号 | 考核项目 | 考核内容 | 检验规则 | 分值 | | |
|---|---|---|---|---|---|---|
| | | | | 小组自评(20%) | 小组互评(40%) | 教师评分(40%) |
| 1 | 基准制的选择 | 正确选择基准制 | 20 分/考核点,共 20 分 | | | |
| 2 | 公差等级的选择 | 根据功能要求选择公差等级 | 20 分/考核点,共 20 分 | | | |
| 3 | 配合的选择 | 根据功能要求和工作条件选择配合 | 15 分/考核点,共 30 分 | | | |
| 4 | 公差带图的绘制和比较 | 画出公差带图,并与任务 2.1 进行比较 | 30 分/考核点,共 30 分 | | | |
| | 总分 | | 100 分 | | | |
| | 合计 | | | | | |

## 任务 2.3　减速器的尺寸精度检测

### 任务描述

1）确定 $\phi55k6$ 的验收极限（工件遵守包容规则）及Ⅰ档的不确定度允许值。

2）若只有游标卡尺、外径千分尺或内径千分尺这三类计量器具，试完成图 2-14 所示减速器输出轴的外圆直径 $\phi55k6$、$\phi56r6$、$\phi45r6$，键槽长度 $40\pm0.15$、$56\pm0.15$，轴长度 $250\pm0.2$、$26\pm0.1$ 的检测。

### 任务分析

微小的偏差可能会引起大的事故，因此，在实际生产中必须按照设计要求进行生产，而检测是确定生产的零件是否符合设计要求的依据。检测本身也可能带来误差，通过合理的方

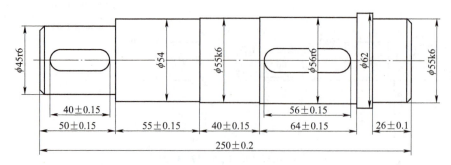

图 2-14 减速器输出轴

法对数据进行处理可以使测量结果更好地反映被测值的情况。在实际生产中,零件的测量误差可能导致将不合格件当成合格件使用,带来安全隐患,也可能将合格件当成不合格件抛弃,带来经济损失。因此学生通过学习这部分的内容,应当认识计量器具,能针对零件的设计要求选择合适的计量器具,并学会正确的数据处理方法,准确地反映测量结果。同时,学生也应该增强安全意识、责任意识。

## 相关知识

### 2.3.1 尺寸计量器具的使用方法

**1. 量块的选用**

量块是没有刻度的、截面为矩形并具有一对相互平行测量面的实物量具,广泛用于计量器具的校准和鉴定,以及精密设备的调整、精密划线和精密工件的测量等。量块一般是采用合金量具钢制成的,具有线膨胀系数小、不易变形、硬度高、耐磨性好、工作面的表面粗糙度值小及研合性好等优点。量块通常制成长方体,它有 2 个相互平行的测量面和 4 个非测量面,如图 2-15 所示。测量面非常光滑平整,两个测量面间具有精确的尺寸。

国家标准《几何量技术规范(GPS) 长度标准 量块》(GB/T 6093—2001)对量块的制造精度规定了五级:0、1、2、3 和 K 级。其中 0 级精度最高,3 级最低,K 级为校准级。量块按"级"使用时,以量块的标称长度作为工作尺寸,测量结果中包含量块的制造误差,但不需要加修正值,使用方便。

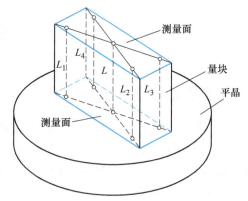

图 2-15 量块的形状和尺寸

行业标准《量块》(JJG 146—2011)按检定精度将量块分为 1~6 等,其中 1 等精度最高,6 等最低。量块按"等"使用时,是以量块检定书中列出的实测中心长度作为工作尺寸的,该尺寸排除了量块的制造误差,只包含检定时较小的测量误差。尽管使用麻烦,但测量精度高。

量块往往是成套的,每套包括一定数量不同尺寸的量块。《几何量技术规范(GPS) 长度标准 量块》(GB/T 6093—2001)规定我国成套生产的量块有 91 块、83 块、46 块、

38块等17种套别。表2-18列出了91、83、46块套别量块的尺寸系列。

表 2-18  成套量块的尺寸（GB/T 6093—2001）

| 套别 | 总块数 | 级别 | 尺寸系列/mm | 间隔/mm | 块数 |
|---|---|---|---|---|---|
| 1 | 91 | 0, 1 | 0.5 | — | 1 |
| | | | 1 | — | 1 |
| | | | 1.001, 1.002, 1.003, …, 1.009 | 0.001 | 9 |
| | | | 1.01, 1.02, 1.03, …, 1.49 | 0.01 | 49 |
| | | | 1.5, 1.6, …, 1.9 | 0.1 | 5 |
| | | | 10, 20, …, 100 | 10 | 10 |
| 2 | 83 | 0, 1, 2 | 0.5 | — | 1 |
| | | | 1 | — | 1 |
| | | | 1.005 | — | 1 |
| | | | 1.01, 1.02, 1.03, …, 1.49 | 0.01 | 49 |
| | | | 1.5, 1.6, …, 1.9 | 0.1 | 5 |
| | | | 2.0, 2.5, …, 9.5 | 0.5 | 16 |
| | | | 10, 20, …, 100 | 10 | 10 |
| 3 | 46 | 0, 1, 2 | 1 | — | 1 |
| | | | 1.001, 1.002, 1.003, …, 1.009 | 0.001 | 9 |
| | | | 1.01, 1.02, 1.03, …, 1.09 | 0.01 | 9 |
| | | | 1.1, 1.2, …, 1.9 | 0.1 | 9 |
| | | | 2, 3, 4, …, 9 | 1 | 8 |
| | | | 10, 20, …, 100 | 10 | 10 |

为了减小量块的组合误差，在使用量块组测量时，应尽量减少量块的数目，一般不超过4块。组合时，根据需要尺寸的最后一位数字选第一块量块尺寸的尾数，逐一选取，每选一个量块至少应减去所需尺寸的尾数。例如：从83块一套的量块组中选取量块组成尺寸45.285mm可用如下方法：

```
 45.285 ───────────── 所需尺寸
 -1.005 ───────────── 第一块量块
 ──────
 44.28
 -1.28  ───────────── 第二块量块
 ──────
 43
 -3     ───────────── 第三块量块
 ──────
 40     ───────────── 第四块量块
```

**2. 尺寸精度检测常用量仪的使用方法**

尺寸精度检测常用量仪包括游标卡尺、游标高度卡尺、外径千分尺、内径千分尺等，它们的使用方法见表2-19。

表 2-19　尺寸精度检测常用量仪的使用方法

| 量仪 | 简介 | 规范使用方法 |
|---|---|---|
| 游标卡尺 | 1—外测量爪　2—内测量爪　3—尺身　4—制动螺钉　5—游标尺　6—深度尺<br>游标卡尺内测量爪可以测量内径，外测量爪可以测量长度和外径，深度尺与游标尺一起可以测量深度。游标卡尺的分度值主要有 0.1mm、0.05mm、0.02mm 三种 | ①测量前用软布擦干净测量爪，对零<br>②测量时，右手拿住尺身，大拇指移动游标尺，使测量爪自由卡进工件被测面；零件垂直地贴靠在固定测量爪上，然后移动尺框，活动测量爪施加轻微压力接触零件，然后锁紧制动螺钉，即可读数<br>③读数方法：以游标尺零刻度线为准在尺身上读取毫米整数，再读出游标尺上第 $n$ 条刻度线与尺身刻度线对齐，读出尺寸 $L$=毫米整数部分+$n$×分度值，若有零误差还需加上零误差<br>④使用后，用棉纱擦拭干净游标卡尺；长期不用时应将它擦上黄油或机油，两测量爪合拢，放入卡尺盒内盖好 |
| 游标高度卡尺 | 1—尺身　2—制动螺钉　3—尺框　4—底座　5—划线量爪　6—游标尺　7—微动装置<br>游标高度卡尺除了能测量长度尺寸，还可用于划线，调好划线高度，用制动螺钉 2 把尺框锁紧后，再进行划线。常见分度值为 0.02mm、0.01mm | ①测量前用软布将测量端面擦干净，在水平台上查看尺框和尺身的零刻度线是否对齐。若未对齐，应根据原始误差修正测量读数<br>②测量时均匀用力轻推尺框，粗调使尺框的测量面下降至被测工件的顶面上，微调并使之贴合紧密，然后锁紧制动螺钉<br>③读数方法：以尺框零刻度线为准在尺身上读取毫米整数，再读出尺框上第 $n$ 条刻度线与尺身刻度线对齐，读出尺寸 $L$=毫米整数部分+$n$×分度值<br>④使用后，用棉纱擦拭干净游标高度尺。长期不用时应将它擦上黄油或机油，给测量爪套上保护套，放入卡尺盒内盖好 |
| 外径千分尺 | 1—尺架　2—测砧　3—测微螺杆　4—固定套筒　5—微分筒　6—测力装置　7—锁紧装置　8—隔热装置<br>外径千分尺主要用于测量外径，分度值为 0.01mm，可以估读千分位 | ①测量前擦干净测量面，校对零线<br>②测量工件时，手持隔热装置，粗调微分筒使测砧和测微螺杆靠近被测表面，微调测力装置咔响，合上锁紧装置<br>③以微分筒的基准线为基准读取左边固定套筒刻度值，再以固定套筒基准线读取微分套筒刻度线上与基准线对齐的刻度，即为微分筒刻度值，将固定套筒刻度值与微分筒刻度值相加，即为测量值<br>④使用完毕，要擦净千分尺上的油，注意不要锈蚀或弄脏 |

（续）

| 量仪 | 简介 | 规范使用方法 |
|---|---|---|
| 内径千分尺 | 1—测头　2—锁紧装置　3—固定套筒<br>4—微分筒　5—微调测力装置<br>内径千分尺主要用于测量内径，分度值为 0.01mm，可以估读千分位 | ①使用内径千分尺测量孔时，将其测头测量面支撑在被测表面上，调整微分筒，使微分筒一侧的测量面在孔的径向截面内摆动，找出最小尺寸，然后拧紧锁紧装置，取出并读数<br>②读数方法与外径千分尺一样 |

### 2.3.2 尺寸计量器具的选用

在对零件进行检测时，针对不同的零件结构特征和精度要求采用不同的计量器具，既要保证产品质量，又要做到检测的经济性。

由于计量器具本身、测量过程都存在误差，以及测量环境（温度、湿度等）的影响，测量获得的尺寸并非零件的真实尺寸。若根据测得的实际尺寸是否超出极限尺寸来判断其合格性，当测得值在工件上、下极限尺寸附近时，有可能导致错误的判断。因此，在测量工件尺寸时，必须正确确定验收极限。国家标准《产品几何技术规范（GPS）光滑工件尺寸的检验》（GB/T 3177—2009）对验收原则、验收极限和计量器具的选择等做了规定。

**1. 验收极限**

验收极限是指检验工件时判断其尺寸合格与否的尺寸界限。国家标准规定了两种验收极限方式，根据不同的情况，验收极限可按照其中一种方式确定。

1）方式一：内缩的验收极限。内缩的验收极限是从给定的上极限尺寸和下极限尺寸分别向工件公差带内移动一个安全裕度 $A$ 来确定，如图 2-16 所示。

工件上验收极限＝上极限尺寸$-A$

工件下验收极限＝下极限尺寸$+A$

国家标准对 $A$ 值做了规定，取工件公差的 1/10，其数值见表 2-20。

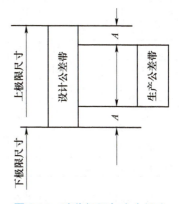

图 2-16 验收极限与安全裕度

表 2-20 安全裕度 $A$ 与计量器具的测量不确定度允许值 $\mu_1$ （单位：μm）

| 公称尺寸 $D, d$/mm | | IT6 | | | | IT7 | | | | IT8 | | | | IT9 | | | |
|---|---|---|---|---|---|---|---|---|---|---|---|---|---|---|---|---|---|
| | | $A$ | $\mu_1$ | | | $A$ | $\mu_1$ | | | $A$ | $\mu_1$ | | | $A$ | $\mu_1$ | | |
| 大于 | 至 | | Ⅰ | Ⅱ | Ⅲ | | Ⅰ | Ⅱ | Ⅲ | | Ⅰ | Ⅱ | Ⅲ | | Ⅰ | Ⅱ | Ⅲ |
| — | 3 | 0.6 | 0.54 | 0.9 | 1.4 | 1.0 | 0.9 | 1.5 | 2.3 | 1.4 | 1.3 | 2.1 | 3.2 | 2.5 | 2.3 | 3.8 | 5.6 |
| 3 | 6 | 0.8 | 0.72 | 1.2 | 1.8 | 1.2 | 1.1 | 1.8 | 2.7 | 1.8 | 1.6 | 2.7 | 4.1 | 3.0 | 2.7 | 4.5 | 6.8 |

(续)

| 公称尺寸 $D, d$/mm | | IT6 | | | | IT7 | | | | IT8 | | | | IT9 | | | |
|---|---|---|---|---|---|---|---|---|---|---|---|---|---|---|---|---|---|
| | | $A$ | $\mu_i$ | | | $A$ | $\mu_i$ | | | $A$ | $\mu_i$ | | | $A$ | $\mu_i$ | | |
| 大于 | 至 | | Ⅰ | Ⅱ | Ⅲ | | Ⅰ | Ⅱ | Ⅲ | | Ⅰ | Ⅱ | Ⅲ | | Ⅰ | Ⅱ | Ⅲ |
| 6 | 10 | 0.9 | 0.81 | 1.4 | 2.0 | 1.5 | 1.4 | 2.3 | 3.4 | 2.2 | 2.0 | 3.3 | 5.0 | 3.6 | 3.3 | 5.4 | 8.1 |
| 10 | 18 | 1.1 | 1.0 | 1.7 | 2.5 | 1.8 | 1.7 | 2.7 | 4.1 | 2.7 | 2.4 | 4.1 | 6.1 | 4.3 | 3.9 | 6.5 | 9.7 |
| 18 | 30 | 1.2 | 1.2 | 2.0 | 2.9 | 2.1 | 1.9 | 3.2 | 4.7 | 3.3 | 3.0 | 5.0 | 7.4 | 5.2 | 4.7 | 7.8 | 12 |
| 30 | 50 | 1.6 | 1.4 | 2.4 | 3.6 | 2.5 | 2.3 | 3.8 | 5.6 | 3.9 | 3.5 | 5.9 | 8.8 | 6.2 | 5.6 | 9.3 | 14 |
| 50 | 80 | 1.9 | 1.7 | 2.9 | 4.3 | 3.0 | 2.7 | 4.5 | 6.8 | 4.6 | 4.1 | 6.9 | 10 | 7.4 | 6.7 | 11 | 17 |
| 80 | 120 | 2.2 | 2.0 | 3.3 | 5.0 | 3.5 | 3.2 | 5.3 | 7.9 | 5.4 | 4.9 | 8.1 | 12 | 8.7 | 7.8 | 13 | 20 |
| 120 | 180 | 2.5 | 2.3 | 3.8 | 3.8 | 4.0 | 3.6 | 6.0 | 9.0 | 6.3 | 5.7 | 9.5 | 14 | 10 | 9.0 | 15 | 23 |
| 180 | 250 | 2.9 | 2.6 | 4.4 | 6.5 | 4.6 | 4.1 | 6.9 | 10 | 7.2 | 6.5 | 11 | 16 | 12 | 10 | 17 | 26 |
| 250 | 315 | 3.2 | 2.9 | 4.8 | 7.2 | 5.2 | 4.7 | 7.8 | 12 | 8.1 | 7.3 | 12 | 18 | 13 | 12 | 19 | 29 |
| 315 | 400 | 3.6 | 3.2 | 5.4 | 8.1 | 5.7 | 5.1 | 8.4 | 13 | 8.9 | 8.0 | 13 | 20 | 14 | 13 | 21 | 32 |
| 400 | 500 | 4.0 | 3.6 | 6.0 | 9.0 | 6.3 | 5.7 | 9.5 | 14 | 9.7 | 8.7 | 15 | 22 | 16 | 14 | 23 | 35 |

| 公称尺寸 $D, d$/mm | | IT10 | | | | IT11 | | | | IT12 | | | IT13 | | |
|---|---|---|---|---|---|---|---|---|---|---|---|---|---|---|---|
| | | $A$ | $\mu_i$ | | | $A$ | $\mu_i$ | | | $A$ | $\mu_i$ | | $A$ | $\mu_i$ | |
| 大于 | 至 | | Ⅰ | Ⅱ | Ⅲ | | Ⅰ | Ⅱ | Ⅲ | | Ⅰ | Ⅱ | | Ⅰ | Ⅱ |
| — | 3 | 4.0 | 3.6 | 6.0 | 9.0 | 6.0 | 5.4 | 9.0 | 14 | 10 | 9.0 | 15 | 14 | 13 | 21 |
| 3 | 6 | 4.8 | 4.3 | 7.2 | 11 | 7.5 | 6.8 | 11 | 17 | 12 | 11 | 18 | 18 | 16 | 27 |
| 6 | 10 | 5.8 | 5.2 | 8.7 | 13 | 9.0 | 8.1 | 14 | 20 | 15 | 14 | 23 | 22 | 20 | 33 |
| 10 | 18 | 7.0 | 6.3 | 11 | 16 | 11 | 10 | 17 | 25 | 18 | 16 | 27 | 27 | 24 | 41 |
| 18 | 30 | 8.4 | 7.6 | 13 | 19 | 13 | 12 | 20 | 29 | 21 | 19 | 32 | 33 | 30 | 50 |
| 30 | 50 | 10 | 9.0 | 15 | 23 | 16 | 14 | 24 | 36 | 25 | 23 | 38 | 39 | 35 | 59 |
| 50 | 80 | 12 | 11 | 18 | 27 | 19 | 17 | 29 | 43 | 30 | 27 | 45 | 46 | 41 | 69 |
| 80 | 120 | 14 | 13 | 21 | 32 | 22 | 20 | 33 | 50 | 35 | 32 | 53 | 54 | 49 | 81 |
| 120 | 180 | 16 | 15 | 24 | 36 | 25 | 23 | 38 | 56 | 40 | 36 | 60 | 63 | 57 | 95 |
| 180 | 250 | 18 | 17 | 28 | 42 | 29 | 26 | 44 | 65 | 46 | 41 | 69 | 72 | 65 | 110 |
| 250 | 315 | 21 | 19 | 32 | 47 | 32 | 29 | 48 | 72 | 52 | 47 | 78 | 81 | 73 | 120 |
| 315 | 400 | 23 | 21 | 35 | 52 | 36 | 32 | 54 | 81 | 57 | 51 | 86 | 89 | 80 | 130 |
| 400 | 500 | 25 | 23 | 38 | 56 | 40 | 36 | 60 | 90 | 63 | 57 | 95 | 97 | 87 | 150 |

由于验收极限向工件的公差带内移动，为了保证验收合格，在生产时工件不能按原来的极限尺寸加工，应按验收极限所确定的范围生产，这个范围称为"生产公差"。

2）方式二：不内缩的验收极限。不内缩的验收极限等于设计时给定的上极限尺寸和下极限尺寸，即 $A$ 值等于零。

**2. 验收极限方式的选择**

验收极限方式的选择要结合功能要求及其重要程度、尺寸公差等级、测量不确定度和工艺能力指数等因素综合考虑。

1）对要求符合包容要求的尺寸、公差等级高的尺寸，其验收极限按方式一确定。

2）当工艺能力指数 $C_p \geqslant 1$ 时，其验收极限可以按方式二确定。但对有包容要求的尺寸，验收上极限尺寸时，按方式一确定。

3）对偏态分布的尺寸，其验收极限可仅对尺寸偏向的一边按方式一确定，而另一边按方式二确定，一般是在上极限尺寸一边内缩一个安全裕度 $A$，如图 2-17 所示。

4）对非配合和一般公差的尺寸，其验收极限按方式二确定。

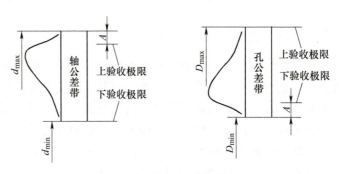

图 2-17　偏态分布尺寸的验收极限

**3. 计量器具的选择**

在选择计量器具时，要综合考虑计量器具的技术指标和经济性，既要保证工件质量，又要使检测成本降低。具体考虑如下：

1）选择计量器具应与被测工件的外形、位置、尺寸的大小及被测参数特征相适应，使所选计量器具的测量范围能满足工件的要求。

2）选择计量器具应考虑工件的尺寸公差，使所选计量器具的测量不确定度既能保证测量精度，又符合经济性要求。

国家标准规定：按照计量器具的测量不确定度允许值 $\mu_1$ 选择计量器具。应使所选用的计量器具的测量不确定度等于或小于标准规定的值。

在表 2-20 中，选择 $\mu_1$ 值时，优先选用 Ⅰ 档，其次是 Ⅱ、Ⅲ 档。表 2-21 列出了千分尺和游标卡尺的测量不确定度。

表 2-21　千分尺和游标卡尺的测量不确定度　　　　　　　　　　（单位：mm）

| 尺寸范围 | | 计量器具种类 | | | |
|---|---|---|---|---|---|
| | | 分度值为 0.01 的外径千分尺 | 分度值为 0.01 的内径千分尺 | 分度值为 0.02 的游标卡尺 | 分度值为 0.05 的游标卡尺 |
| 大于 | 至 | 测量不确定度 | | | |
| — | 50 | 0.004 | 0.008 | 0.020 | 0.05 |
| 50 | 100 | 0.005 | | | |
| 100 | 150 | 0.006 | | | |
| 150 | 200 | 0.007 | 0.013 | | |
| 200 | 250 | 0.008 | | | |
| 250 | 300 | 0.009 | | | |
| 300 | 350 | 0.010 | 0.020 | | 0.10 |
| 350 | 400 | 0.011 | | | |
| 400 | 450 | 0.012 | | | |
| 450 | 500 | 0.013 | 0.025 | | |
| 500 | 600 | | 0.030 | | |
| 600 | 700 | | | | |
| 700 | 1000 | | | | 0.15 |

### 2.3.3 测量误差和测量精度的认识

任何测量过程都不可避免地存在误差，测量所得的值不可能是被测量的真值，测得值与真值之间的差异在数值上表现为测量误差。测量误差有绝对误差和相对误差两种形式。绝对误差是指测量的量值与其真值之差的绝对值。相对误差是指绝对误差的绝对值与真值之比。相对误差比绝对误差能更好地说明测量的精确程度。

有许多因素会导致产生测量误差，主要有计量器具的误差、标准件误差、测量方法的误差、测量环境的误差、人员误差。测量误差按其性质可分为系统误差、粗大误差和随机误差。

1）系统误差：在一定测量条件下，多次测量同一量时，误差的大小和符号均不变或按一定规律变化的误差。

2）粗大误差：明显超出规定条件下预期的误差。判断粗大误差常用拉依达准则（又称 $3\sigma$ 准则），凡绝对值大于 $3\sigma$ 的残差，就为粗大误差。

3）随机误差：在相同的测量条件下，多次测量同一个量值时，绝对值和符号以不可预测的方式变化着的误差。它是由于测量中的不稳定因素综合形成的，是不可避免的。实践表明，大多数情况下，随机误差有单峰性、对称性、有界性、抵偿性这几个特性。

测量精度是指被测量的测得值与其真值的接近程度。测量精度和测量误差从两个不同角度说明了同一个概念。因此，可用测量误差的大小来表示精度的高低。测量误差越小，则测量精度就越高；反之，测量精度就越低。

### 2.3.4 测量结果的数据处理

对于测量结果要求不高的情况，通常测量数次取平均值即可得到测量结果。

对测量结果要求较高时，可以增加测量的次数，并通过以下方法来减小和消除随机误差、系统误差和粗大误差带来的影响。

**1. 测量列中随机误差的处理**

可以用概率与数理统计的方法对测量结果进行处理，减小随机误差对测量结果的影响。计算得到算术平均值 $\bar{x}$ 和测量列算术平均值的标准偏差 $\sigma_{\bar{x}}$，测量列的测量结果可表示为

$$x_0 = \delta_{\lim(\bar{x})} = \bar{x} \pm 3\sigma_{\bar{x}} = \bar{x} \pm 3\frac{\sigma}{\sqrt{n}}$$

**2. 系统误差的发现和消除**

系统误差可从产生误差根源上消除，可用加修正值的方法消除，也可用两次读数方法消除。

**3. 粗大误差的剔除**

采用拉依达准则对粗大误差进行剔除，剔除一个具有粗大误差的测量值后，应根据剩下的测量值重新用拉依达准则进行判断和剔除，直到剔除完为止。当测量次数小于 10 时，不能使用拉依达准则。

### 任务实施

1）确定图 2-18 中 $\phi 55k6$ 的验收极限（工件遵守包容规则）及 I 档的不确定度允许值。

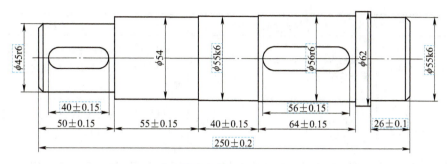

图 2-18 减速器输出轴（框出尺寸需要检测）

①确定安全裕度 $A$。

$IT6 = 0.019$ mm，$A = (1/10)IT6$，故 $A = 0.0019$ mm。

②确定验收极限。

因为此工件遵守包容规则，验收极限应按方式一（内缩的验收极限）来确定。

上验收极限 = 上极限尺寸 $- A = (55 + 0.021 - 0.0019)$ mm $= 55.0191$ mm

下验收极限 = 下极限尺寸 $+ A = (55 + 0.002 + 0.0019)$ mm $= 55.0039$ mm

③计算不确定度。

查表 2-20 可得计量器具不确定度允许值 I 档 $\mu_1 = 0.0017$ mm。

2）确定 $\phi55k6$、$\phi56r6$、$\phi45r6$ 的上下偏差。

① $\phi55k6$，查表 2-6 得到 k 的基本偏差为 $ei = 2\mu m$，查表 2-4 得到 $IT6 = 19\mu m$，$es = ei + IT6 = 21\mu m$。可以标注为 $\phi55^{+0.021}_{+0.002}$。

② $\phi56r6$，查表 2-6 得到 r 的基本偏差为 $ei = 41\mu m$，查表 2-4 得到 $IT6 = 19\mu m$，$es = ei + IT6 = 60\mu m$。可以标注为 $\phi56^{+0.060}_{+0.041}$。

③ $\phi45r6$，查表 2-6 得到 r 的基本偏差为 $ei = 34\mu m$，查表 2-4 得到 $IT6 = 16\mu m$，$es = ei + IT6 = 50\mu m$。可以标注为 $\phi45^{+0.050}_{+0.034}$。

需要注意，虽然 $\phi56r6$ 和 $\phi45r6$ 的代号及公差等级均相同，但是由于公称尺寸不同，查表得到的基本偏差和公差值都是不一样的。

若只有游标卡尺、外径千分尺或内径千分尺这三类计量器具，则制定了表 2-22 所列的检测方案。

表 2-22 检测方案分析表

| 序号 | 检测要素 | 检测方案 | 分析 |
|---|---|---|---|
| 1 | 轴径 $\phi55^{+0.021}_{+0.002}$ | 量程为 50~75mm 的外径千分尺 | 测量轴径选用外径千分尺，根据测量尺寸的不同，选取不同量程的外径千分尺进行测量 |
| 2 | 轴径 $\phi56^{+0.060}_{+0.041}$ | 量程为 50~75mm 的外径千分尺 | |
| 3 | 轴径 $\phi45^{+0.050}_{+0.034}$ | 量程为 25~50mm 的外径千分尺 | |
| 4 | 键槽长 $40\pm0.15$ | 量程为 0~150mm 的游标卡尺，用内测量爪测量 | 键槽长属于内表面测量，因此选用游标卡尺的内测量爪，量程为 0~150mm 的游标卡尺可以满足被测长度要求。游标卡尺分度值可以选择 0.02mm |
| 5 | 键槽长 $56\pm0.15$ | 量程为 0~150mm 的游标卡尺，用内测量爪测量 | |

(续)

| 序号 | 检测要素 | 检测方案 | 分析 |
|---|---|---|---|
| 6 | 轴长 250±0.2 | 量程为 0~300mm 的游标卡尺,用外测量爪测量 | 轴长属于外表面测量,因此选用游标卡尺的外测量爪进行测量,根据长度选用 0~300mm 的游标卡尺 |
| 7 | 轴长 26±0.1 | 量程为 0~150mm 的游标卡尺,用深度尺测量 | 此段轴长用内测量爪或外测量爪均无法很好测量,因此采用深度尺测量。量程选择 0~150mm 即可 |

对每个检测要素,可以选取 3 个不同位置测量 3 次后取平均值,再判断是否合格。例如,键槽长度(40±0.15)的 3 次测量值分别为 40.14、40.10、40.12,取平均值得到 40.12,在 40±0.15 的范围内,因此是合格的。

## 任务评价

| 序号 | 考核项目 | 考核内容 | 检验规则 | 分值 小组自评(20%) | 分值 小组互评(40%) | 分值 教师评分(40%) |
|---|---|---|---|---|---|---|
| 1 | 安全裕度 | 确定 φ55k6 的安全裕度 | 8分/考核点,共8分 | | | |
| 2 | 验收极限 | 得到上验收极限和下验收极限 | 8分/考核点,共16分 | | | |
| 3 | 计量器具不确定度允许值 | 查表得到计量器具 I 档不确定度允许值 | 8分/考核点,共8分 | | | |
| 4 | 轴的上下极限偏差 | 确定 φ55k6、φ56r6、φ45r6 的上下极限偏差 | 4分/考核点,共12分 | | | |
| 5 | 检测方案的制定 | 选择正确的计量器具和检测方法 | 2分/考核点,共14分 | | | |
| 6 | 检测 | 测量得到检测要素的测量值,每个检测要素需测 3 次 | 3分/考核点,共21分 | | | |
| 7 | 测量结果 | 对测量结果进行处理,判断是否合格 | 3分/考核点,共21分 | | | |
| | | 总分 | 100 分 | | | |
| | | 合计 | | | | |

## 项目小结

尺寸精度是指零件加工后实际尺寸变化所达到的标准公差的等级范围,限制了实际尺寸与公称尺寸的误差变化的范围。尺寸精度包括尺寸、公差、偏差和配合。

本项目通过对一级齿轮减速器的使用功能分析,综合运用孔轴的尺寸公差和配合知识点,根据极限配合标准和经济精度,选择减速器装配的尺寸精度,并分析计算尺寸极限和偏差。

本项目通过识读减速器的输出轴的尺寸零件图，根据输出轴的结构特点和尺寸检测要求，选择合适的计量器具，按照检测操作规范，正确检测加工后输出轴的尺寸精度是否符合要求。

# 项目3

# 减速器的几何公差设计与误差检测

1. **知识目标**
   1) 掌握零件的几何要素、几何公差项目符号和几何误差概念。
   2) 掌握几何公差的国家标准规定的标注。
   3) 掌握几何公差带、公差原则和公差要求。
   4) 掌握几何公差的选择设计和几何误差检测。
2. **技能目标**
   1) 能根据几何要素的特点标注几何公差。
   2) 能根据几何公差标注分析几何公差形状、特点和限定误差的作用。
   3) 能根据零件的技术要求,选择几何公差种类、公差数值和基准。
   4) 能根据零件的技术要求,选择几何误差的测量方法并得出正确的检测结果。

 项目引入

减速器中的零件,如输入轴、输出轴、齿轮等零件的几何公差对使用性能有何影响?根据工况条件,需要选择什么几何公差项目、几何公差等级及基准?根据国家标准如何标注几何公差?根据技术要求,如何检测几何误差?

如图 3-1 所示的一级直齿圆柱齿轮减速器的输出轴,已知传递的功率 $P=5kW$,转速 $n_1=960r/min$,稍有冲击。根据使用功能,对输出轴几何公差进行选择和图样标注,根据输出轴的几何公差要求,检测加工后输出轴的几何误差是否符合技术要求。

1) 在机械加工中,不但要对零件的尺寸误差加以限制,还必须根据零件的使用要求,考虑制造工艺性和经济性,规定合理的形状、方向、位置、跳动偏离程度,以确保零件的使用性能。

加工后的机械零件表面、轴线、中心对称平面等的实际形状和位置相对于所要求的理想形状和位置,不可避免地存在着误差,这种误差称为几何误差。零件的实际形状相对理想形

# 项目3 减速器的几何公差设计与误差检测

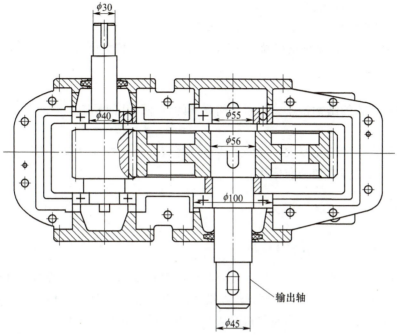

图 3-1 一级直齿圆柱齿轮减速器

状产生偏差,即产生形状误差;零件的实际位置相对理想位置产生偏离,即产生位置误差;零件表面相对理想表面产生倾斜,即产生方向误差。这些误差统称为几何误差。几何误差小于规定的几何公差值,零件即为合格,反之,则不合格。几何误差将会影响机器或仪器的工作精度、连接强度、运动平稳性、密封性和使用寿命等,特别是对经常在高温、高压、高速及重载条件下工作的零件影响更大。

2)减速器的几何公差设计和误差检测能帮助学生了解几何精度相关的国家标准,严格遵守并熟练运用国家标准,同时培养学生在设计过程中树立良好的产品设计责任意识,在检测过程中养成一丝不苟、精益求精的素养,通过检测反馈设计和处理加工过程中的问题,及时调整,保证零件加工质量。

3)要完成本项目中减速器输出轴的几何公差设计,要从输出轴的几何公差项目、基准、公差等级(公差值)和公差原则方面来设计,综合考虑输出轴的功能使用要求、结构特点、制造工艺和经济性。

要完成几何误差检测,应该了解几何误差检测的计量器具的使用方法和使用场合。而测量本身也存在误差,为了消除测量的误差,需要掌握测量数据分析和处理的方法。

## 任务 3.1 几何公差的认知

**任务描述**

将下列要求标注在图 3-2 所示的减速器盘盖图上。

1) 左端面的平面度公差为 0.012mm。
2) 右端面对左端面的平行度公差为 0.03mm。
3) 4×φ20H8 孔中心线对左端面及 φ70mm 孔中心线的位置度公差为 φ0.15mm。

### 任务分析

根据减速器盘盖的结构特点，判断几何要素的特征、几何要素之间的关系、要标注的几何特征项目及基准。

根据减速器盘盖的标注要求，找到对应被测要素，根据被测要素的几何特征项目合理安排指引线、几何公差框格和基准标注。

### 相关知识

#### 3.1.1 几何公差的研究对象

几何公差的研究对象是几何要素。几何要素（简称要素）是指构成零件几何特征的点、线、面等。如图 3-3 所示，零件的球面、圆锥面、端平面、圆柱面、球心、轴线、素线、锥顶等都为该零件的几何要素。几何要素可从不同角度进行分类，见表 3-1。

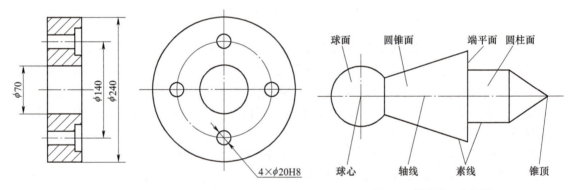

图 3-2　减速器盘盖图　　　　图 3-3　零件的几何要素

表 3-1　零件几何要素的分类

| 分类方式 | 种类 | 定义 | 说明 |
| --- | --- | --- | --- |
| 按结构特征分 | 组成要素 | 构成零件外形的点、线、面各要素 | 如图 3-3 所示的球面、圆锥面和圆柱面的素线等都属于组成要素 |
| | 导出要素 | 构成组成要素对称中心所表示的点、线、面各要素 | 如图 3-3 所示的轴线、球心为导出要素 |
| 按存在的状态分 | 实际要素 | 零件上实际存在的要素 | 测量时用测得要素来代替 |
| | 理想要素 | 具有几何学意义的要素 | 检测中评定实际要素几何误差的依据 |
| 按所处地位分 | 被测要素 | 图样上给出了形状或（和）位置公差要求的要素 | 就是需要研究和测量的要素 |
| | 基准要素 | 图样上用来确定被测要素方向或（和）位置的要素 | 如图 3-3 中所示圆柱面的轴线 |

(续)

| 分类方式 | 种类 | 定义 | 说明 |
|---|---|---|---|
| 按功能关系分 | 单一要素 | 仅对被测要素本身提出形状公差要求的要素 | 如图3-3中左端面是被测要素，需要标注平面度，为单一要素 |
|  | 关联要素 | 相对基准要素有方向或（和）位置功能要求而给出位置公差要求的被测要素 | 如图3-3中右端面的平行度与基准左端面有关联 |

### 3.1.2 几何公差的特征项目

国家标准《产品几何技术规范（GPS） 几何公差形状、方向、位置和跳动公差标注》（GB/T 1182—2018）规定了几何公差的分类、特征项目及符号，见表3-2。

表3-2 几何公差的分类、特征项目及符号

| 分类 | 特征项目 | 符号 | 有或无基准要求 | 分类 | 特征项目 | 符号 | 有或无基准要求 |
|---|---|---|---|---|---|---|---|
| 形状公差 | 直线度 | — | 无 | 方向公差 | 平行度 | ∥ | 有 |
|  | 平面度 | ▱ | 无 |  | 垂直度 | ⊥ | 有 |
|  | 圆度 | ○ | 无 |  | 倾斜度 | ∠ | 有 |
|  | 圆柱度 | ⌭ | 无 | 位置公差 | 位置度 | ⊕ | 有或无 |
| 形状、方向、位置公差 | 线轮廓度 | ⌒ | 有或无 |  | 同轴度 | ◎ | 有 |
|  |  |  |  |  | 对称度 | ═ | 有 |
|  | 面轮廓度 | ⌓ | 有或无 | 跳动公差 | 圆跳动 | ↗ | 有 |
|  |  |  |  |  | 全跳动 | ⌮ | 有 |

### 3.1.3 几何公差的标注

国家标准规定，在技术图样中几何公差采用符号标注，依次由箭头、指引线、公差带框格组成。框格从左到右顺序标注以下内容：第一格为几何特征符号，第二格为公差值和有关符号，第三格和以后各格填写基准字母和有关符号，如图3-4所示。

对于有方向或位置要求的关联被测要素，图样上必须用基准符号和在公差带框格内的基准字母表示被测要素与基准要素之间的关系。基准符号

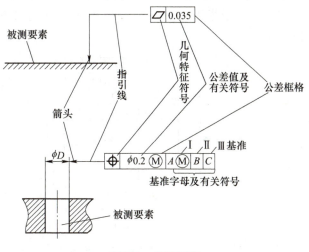

图3-4 公差框格

如图 3-5 所示。基准用大写的拉丁字母表示，为避免引起误解，表示基准要素的大写字母不得采用 E、F、I、J、M、O、P、L、R。

**1. 被测要素的标注方法**

①当被测要素为轮廓线或为有积聚性投影的表面时，指引线的箭头应指在该要素的轮廓线或其引出线上，并应明显地与尺寸线错开，如图 3-6a、b 所示。

②当被测表面的投影为面时，箭头应指在用圆点指向实际表面的投影的参考线上，如图 3-6c 所示。

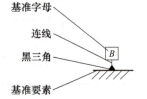

图 3-5 基准符号

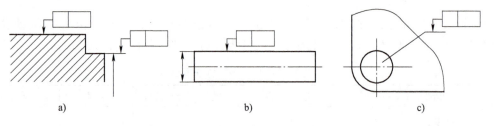

图 3-6 被测要素为组成要素

③当被测要素为导出要素即轴线、中心平面或由带尺寸的要素确定的点时，指引线应与构成该导出要素的组成要素的尺寸线对齐，如图 3-7 所示。

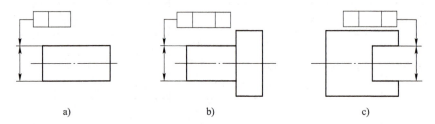

图 3-7 被测要素为导出要素

④当对同一要素有一个以上的公差特征项目要求且测量方向相同时，可将公差带框格合并，使用同一根指引线，如图 3-8a 所示。若测量方向不完全相同，则应分别标注，如图 3-8b 所示。

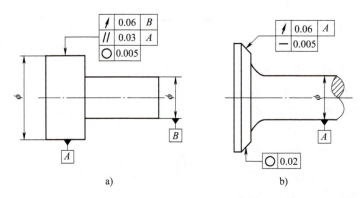

图 3-8 同一被测要素有多项公差要求的标注

⑤当不同的被测要素有相同的几何公差要求时，可将公差带框格合并，如图3-9a、b所示。当用同一公差带控制几个被测要素时，可采用图3-9c、d所示的方法。

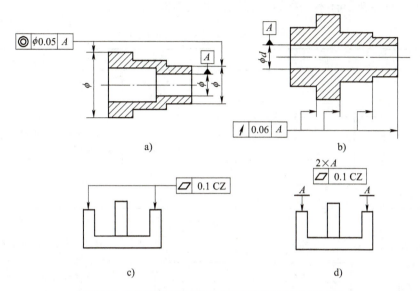

图 3-9 不同被测要素有相同几何公差要求的标注

## 2. 基准要素的标注方法

①当基准要素为轮廓线或有积聚性投影的表面时，将基准符号置于轮廓线上或轮廓线的延长线上，并使基准符号中的连线与尺寸线明显地错开，如图3-10a所示。

②当基准要素的投影为面时，基准符号可置于用圆点指向实际表面的投影的参考线上，如图3-10b所示。

③当基准要素为导出要素即轴线、中心平面或由带尺寸的要素确定的点时，则基准符号中的连线应与确定导出要素的轮廓的尺寸线对齐，如图3-10c、d、e所示。

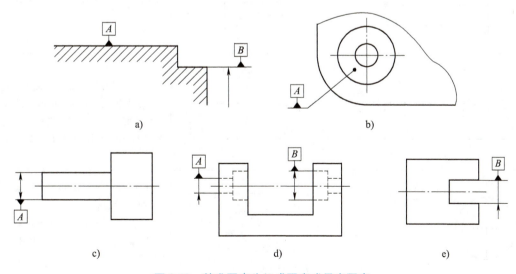

图 3-10 基准要素为组成要素或导出要素

### 3.1.4 几何公差的特殊标注

除以上一般标注外,还有一些特殊标注,见表 3-3。

表 3-3 几何公差的一些特殊标注

| 图 例 | 含 义 |
|---|---|
| 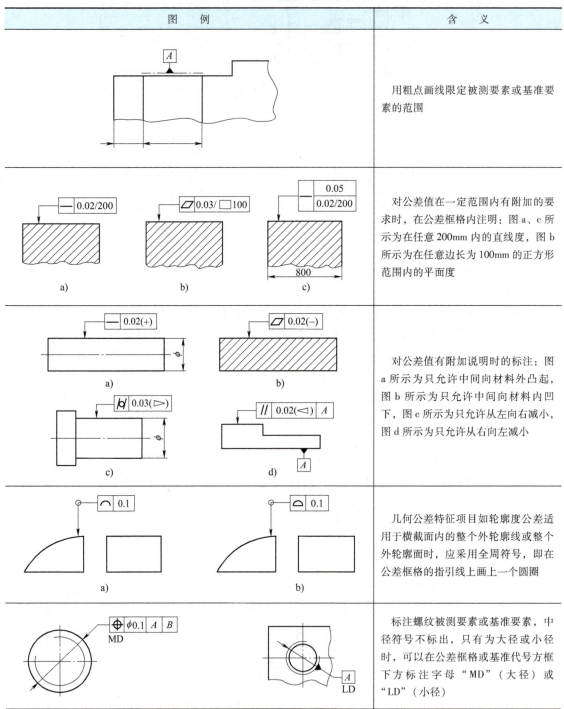 | 用粗点画线限定被测要素或基准要素的范围 |
|  | 对公差值在一定范围内有附加的要求时,在公差框格内注明:图 a、c 所示为在任意 200mm 内的直线度,图 b 所示为在任意边长为 100mm 的正方形范围内的平面度 |
|  | 对公差值有附加说明时的标注:图 a 所示为只允许中间向材料外凸起,图 b 所示为只允许中间向材料内凹下,图 c 所示为只允许从左向右减小,图 d 所示为只允许从右向左减小 |
|  | 几何公差特征项目如轮廓度公差适用于横截面内的整个外轮廓线或整个外轮廓面时,应采用全周符号,即在公差框格的指引线上画上一个圆圈 |
|  | 标注螺纹被测要素或基准要素,中径符号不标出,只有为大径或小径时,可以在公差框格或基准代号方框下方标注字母 "MD"(大径)或 "LD"(小径) |

## 任务实施

根据标注要求分析减速器盘盖图的被测要素和基准要素，见表 3-4。

表 3-4 标注方案

| 序号 | 标注要素 | 标注方案 | 原因分析 |
|---|---|---|---|
| 1 | 左端面的平面度公差为 0.012mm | 标注的指引线箭头应标注在左端面轮廓线或其引出线上，平面度公差为 0.012mm | 被测要素为左端面轮廓线，平面度为形状公差 ▱，没有基准，被测要素为单一要素 |
| 2 | 右端面对左端面的平行度公差为 0.03mm | 标注的指引线箭头应标注在右端面轮廓线或其引出线上，基准标注在左端面轮廓线或其引出线上，基准字母为 A，平行度公差为 0.03mm | 被测要素为右端面轮廓线，平行度为方向公差 ∥，基准为左端面轮廓线，被测要素为关联要素 |
| 3 | 4×φ20H8 孔中心线对左端面及 φ70mm 孔中心线的位置度公差为 φ0.15mm | 标注时被测要素指引线与构成该要素 φ20H8 孔的尺寸线对齐，基准线与 φ70mm 孔的尺寸线对齐，位置公差为 φ0.15mm | 被测要素为 4×φ20H8 孔中心线，位置度公差为位置公差 ⌖，基准为 φ70mm 孔中心线，被测要素和基准要素都是导出要素，被测要素为关联要素 |

根据标注分析结果进行几何公差标注，如图 3-11 所示。

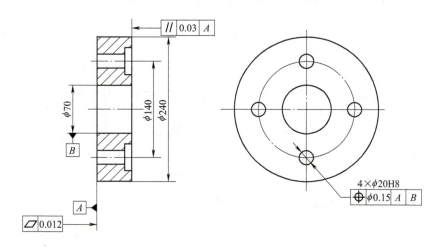

图 3-11 减速器盘盖标注图

## 任务评价

| 序号 | 考核项目 | 考核内容 | 检验规则 | 分值 小组自评(20%) | 分值 小组互评(40%) | 分值 教师评分(40%) |
|---|---|---|---|---|---|---|
| 1 | 左端面平面度 | 公差框格 | 7分/考核点，共 14 分 | | | |
| 2 | | 框格指引线 | 7分/考核点，共 7 分 | | | |

(续)

| 序号 | 考核项目 | 考核内容 | 检验规则 | 分值 | | |
|---|---|---|---|---|---|---|
| | | | | 小组自评(20%) | 小组互评(40%) | 教师评分(40%) |
| 3 | 右端面平行度 | 公差框格 | 7分/考核点,共21分 | | | |
| 4 | | 框格指引线 | 7分/考核点,共7分 | | | |
| 5 | | 基准 | 7分/考核点,共7分 | | | |
| 6 | 位置度 | 公差框格 | 10分/考核点,共30分 | | | |
| 7 | | 框格指引线 | 7分/考核点,共7分 | | | |
| 8 | | 基准 | 7分/考核点,共7分 | | | |
| 总分 | | | 100分 | | | |
| 合计 | | | | | | |

## 任务 3.2  几何公差的理解

### 任务描述

解释图 3-12 所示的减速器轴的各几何公差标注含义和公差带。

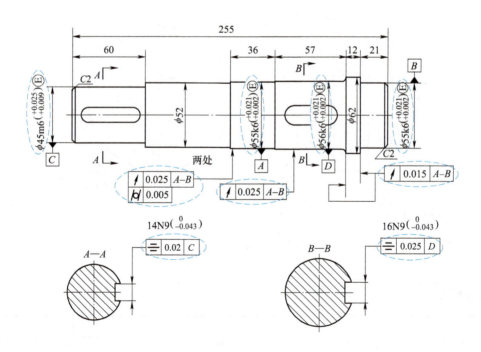

图 3-12  减速器轴几何公差注释图（虚线框出部分分析几何公差和公差要求）

### 任务分析

根据减速器轴零件图标注，找到对应标注的几何公差，分析几何公差的被测要素、基准要素及公差带的位置、大小和形状。

### 相关知识

几何公差带是用来限制被测实际要素变动的区域。几何公差带由形状、大小、方向和位置四个因素确定。图 3-13 所示为几何公差带的形状。大小为 $t$，通常为等距平面（曲面）的距离，圆柱区域的直径或者同心圆（球）的半径差，以及测量圆柱（锥）上的长度。位置和方向随测量特征项目不同而不同。

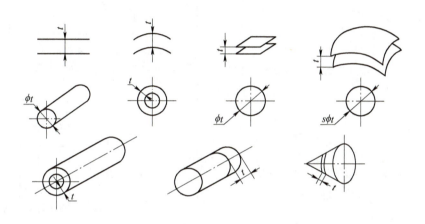

图 3-13 几何公差带的形状

## 3.2.1 形状公差的理解

形状公差是为了限制形状误差而设置的。实际要素在此区域内则为合格，反之，则为不合格。形状公差主要包含四个特征项目：直线度公差、平面度公差、圆度公差和圆柱度公差。形状公差不同标注情况和公差带见表 3-5。

**1. 直线度公差**

直线度公差是限制被测实际直线对理想直线变动量的一项指标。

**2. 平面度公差**

平面度公差是限制实际平面对其理想平面变动量的一项指标，用于对实际平面的形状精度提出要求。

**3. 圆度公差**

圆度公差是限制实际圆对其理想圆变动量的一项指标。

**4. 圆柱度公差**

圆柱度公差是限制实际圆柱面对其理想圆柱面变动量的一项指标。

表 3-5　形状公差带及图例

| 特征 | 公差带定义 | 标注和解释 |
|---|---|---|
| 直线度 | 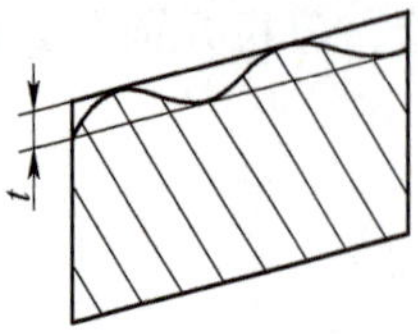 给定平面内的直线度公差带，是距离为公差值 $t$ 的两平行直线之间的区域 | 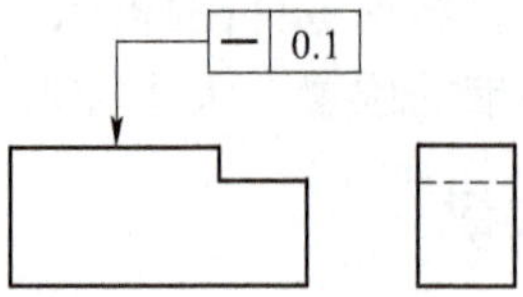 被测表面的素线必须位于平行于图样所示投影面且距离为公差值 0.1mm 的两平行直线内 |
| | 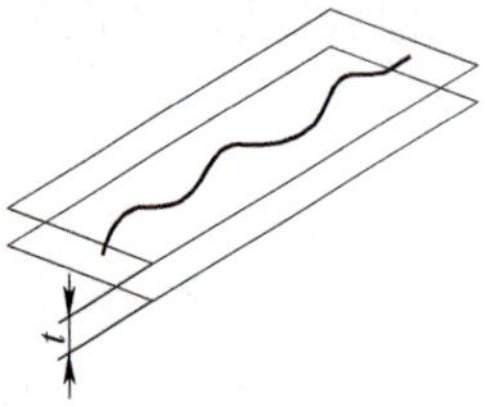 给定方向上的直线度公差带，是距离为公差值 $t$ 的两平行平面之间的区域 | 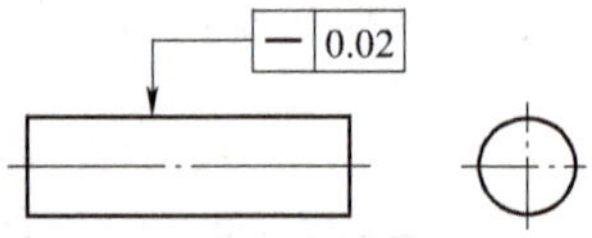 被测圆柱面的任一素线必须位于距离为公差值 0.02mm 的两平行平面之间的区域 |
| | 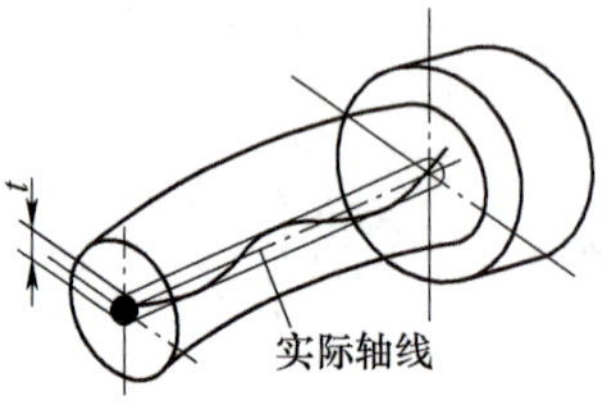 任意方向上的直线度公差带，是直径为公差值 $t$ 的圆柱面内的区域 | 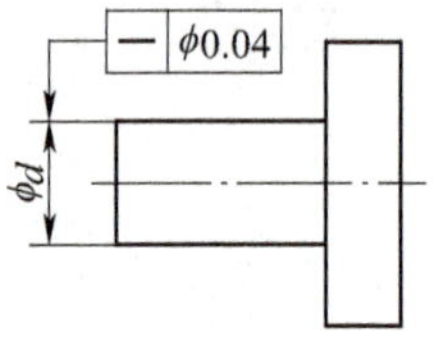 被测圆柱体的轴线必须位于直径为 $\phi$0.04mm 的圆柱面内 |
| 平面度 | 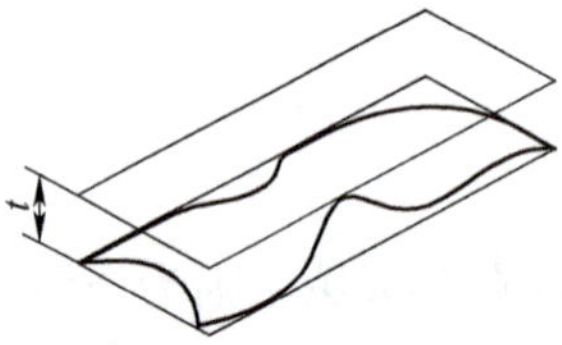 公差带是距离为公差值 $t$ 的两平行平面之间的区域 | 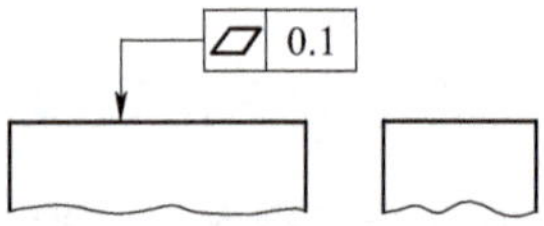 被测表面必须位于相距为 0.1mm 的两平行平面之间 |
| 圆度 | 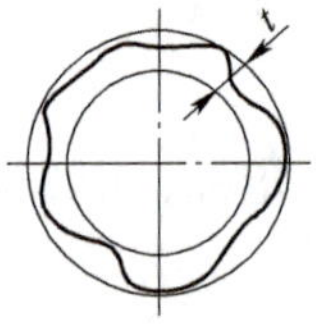 公差带是在同一正截面上，半径差为公差值 $t$ 的两同心圆之间的区域 | 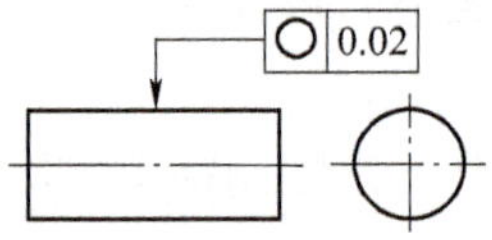 被测圆柱面任一正截面的圆周必须位于半径为 0.02mm 的两同心圆之间 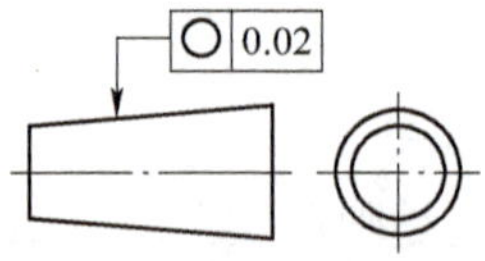<br><br>被测圆锥面任一正截面上的圆周必须位于半径差为 0.02mm 的两同心圆之间 |

(续)

| 特征 | 公差带定义 | 标注和解释 |
|---|---|---|
| 圆柱度 | 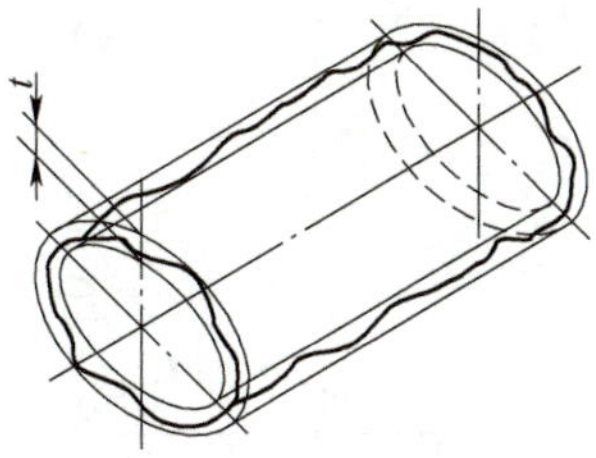 公差带是半径差为公差值 $t$ 的两同轴圆柱面之间的区域 | 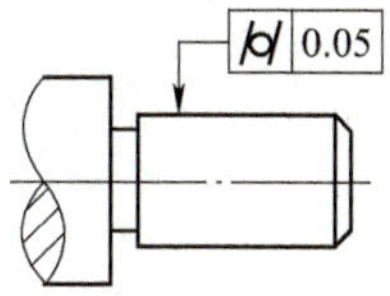 被测圆柱面必须位于半径差为公差值 0.05mm 的两同轴圆柱面之间 |

### 5. 线轮廓度和面轮廓度

形状或位置公差包含线轮廓度公差和面轮廓度公差两项，见表3-6。

1）线轮廓度公差：限制实际平面曲线对其理想曲线变动量的一项指标。

2）面轮廓度公差：限制实际曲面对理想曲面变动量的一项指标。

表 3-6　形状或位置公差带及图例

| 特征 | 公差带定义 | 标注和解释 |
|---|---|---|
| 线轮廓度 | 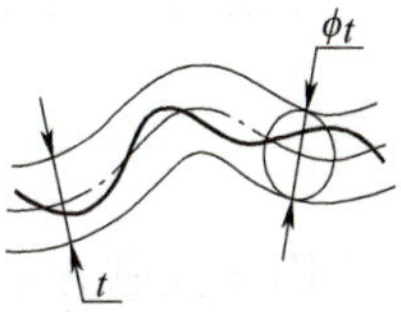 公差带是包络一系列直径为公差值 $t$ 的圆的两包络线之间的区域，诸圆的圆心位于具有理论正确几何形状的线上 | 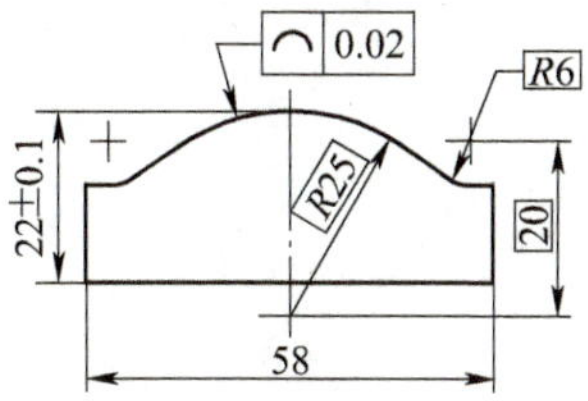 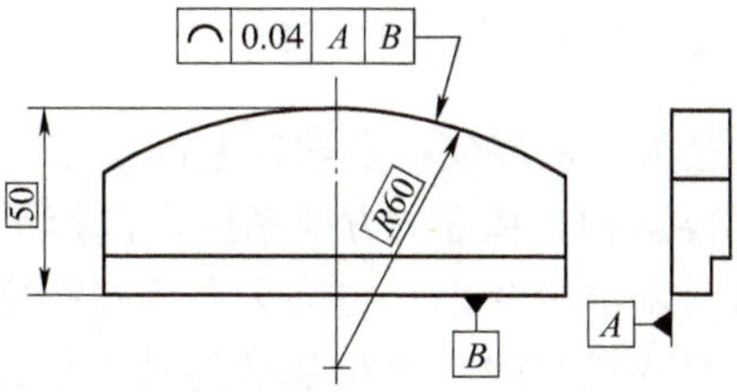 在平行于图样所示投影面的任一截面上，被测轮廓线必须位于包络一系列直径为公差值 0.02mm 且圆心位于具有理论正确几何形状的线上的两包络线之间。图 a 所示为无基准要求，图 b 所示为有基准要求 |

（续）

| 特征 | 公差带定义 | 标注和解释 |
|---|---|---|
| 面轮廓度 | 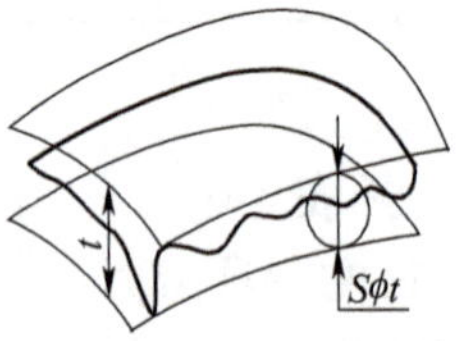 公差带是包络一系列直径为公差值 $t$ 的球的两包络面之间的区域，诸球的圆心位于具有理论正确几何形状的面上 | 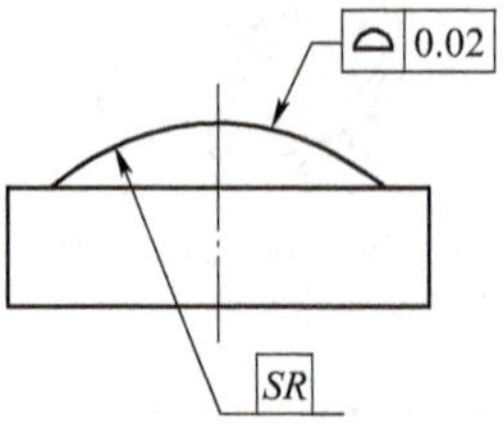 a) 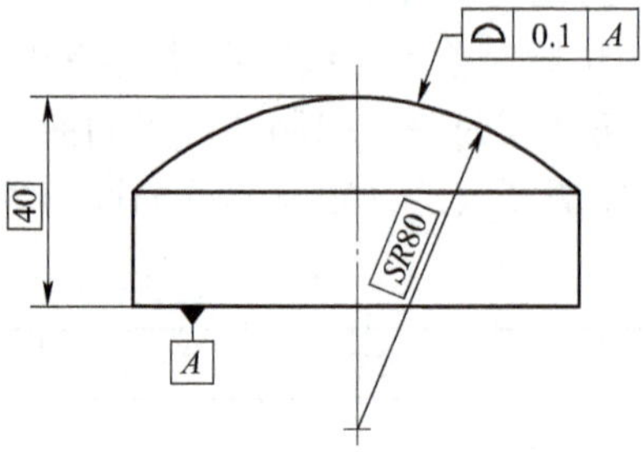<br>b)<br>被测轮廓面必须位于包络一系列直径为公差值 0.02mm 且球心位于具有理论正确几何形状的面上的两包络面之间。图 a 所示为无基准要求，图 b 所示为有基准要求 |

### 3.2.2 方向公差的理解

方向公差是关联实际要素对基准在方向上允许的变动全量，用于控制方向误差，以保证被测实际要素相对基准的方向精度，包括平行度、垂直度、倾斜度三项，见表 3-7。当要求被测要素对基准为 0°时，方向公差为平行度；当要求被测要素对基准为 90°时，方向公差为垂直度；当要求被测要素对基准为其他任意角度时，方向公差为倾斜度。各指标都有面对面、面对线、线对面、线对线四种关系。

**1. 平行度公差**

平行度公差是限制被测实际要素对基准在平行方向上变动量的一项指标。

**2. 垂直度公差**

垂直度公差是限制被测实际要素对基准在垂直方向上变动量的一项指标。

**3. 倾斜度公差**

倾斜度公差是限制被测实际要素对基准在倾斜方向上变动量的一项指标。

表 3-7 方向公差带及图例

| 特征 | | 公差带定义 | 标注和解释 |
|---|---|---|---|
| 平行度 | 面对面 | 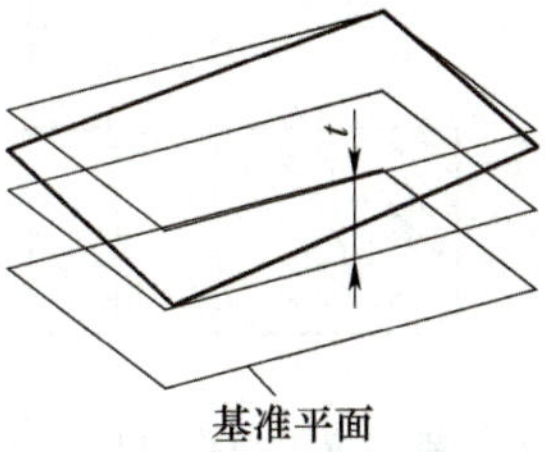 公差带是距离为公差值 $t$ 且平行于基准面的两平行平面之间的区域 | 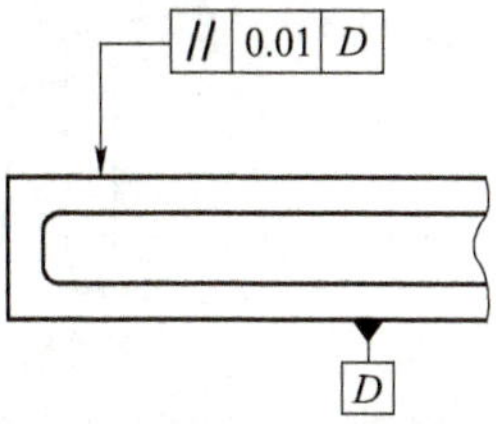 被测表面必须位于距离为公差值 0.01mm 且平行于基准平面 $D$ 的两平行平面之间 |
| | 面对线 | 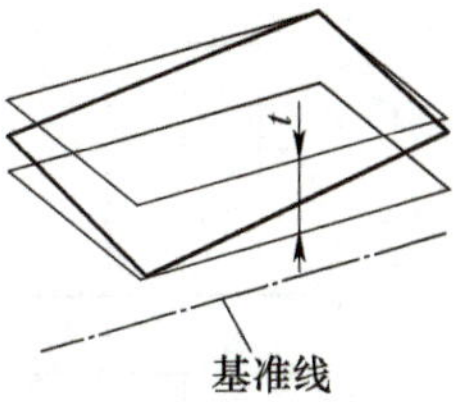 公差带是距离为公差值 $t$ 且平行于基准线的两平行平面之间的区域 | 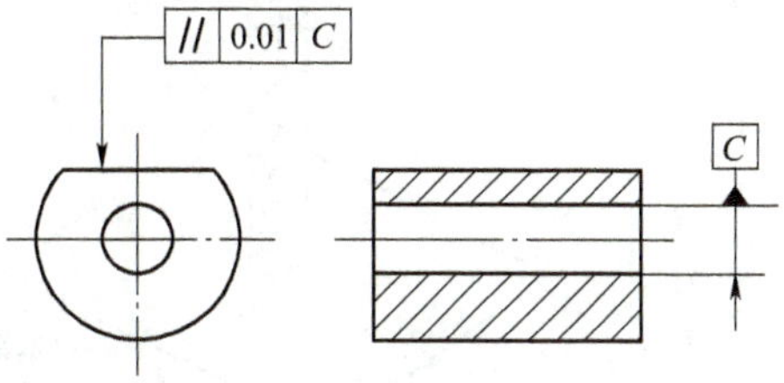 被测表面必须位于距离为公差值 0.01mm 且平行于基准轴线 $C$ 的两平行平面之间 |
| | 线对面 | 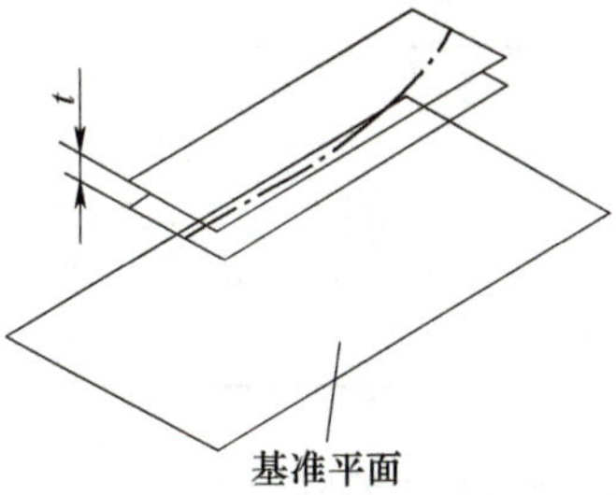 公差带是距离为公差值 $t$ 且平行于基准面的两平行平面之间的区域 | 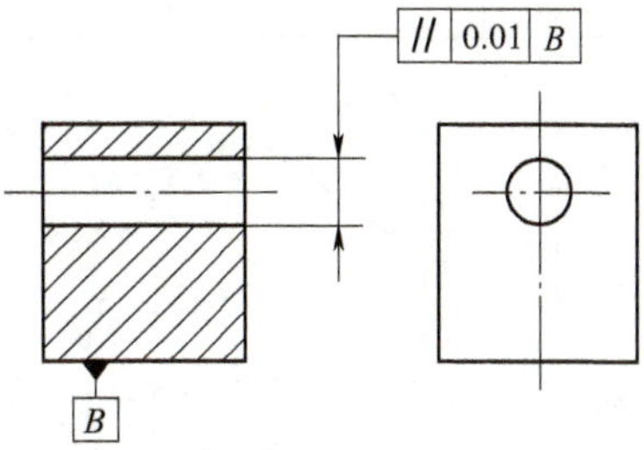 被测轴线必须位于距离为公差值 0.01mm 且平行于基准平面 $B$ 两平行平面之间 |
| | 线对线 | 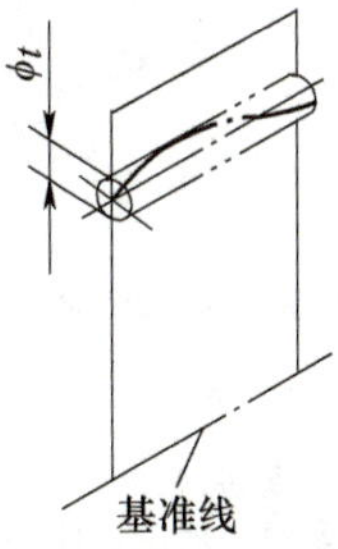 如在公差值前加注 $\phi$，公差带是直径为公差值 $t$ 且平行于基准线的圆柱面内的区域 | 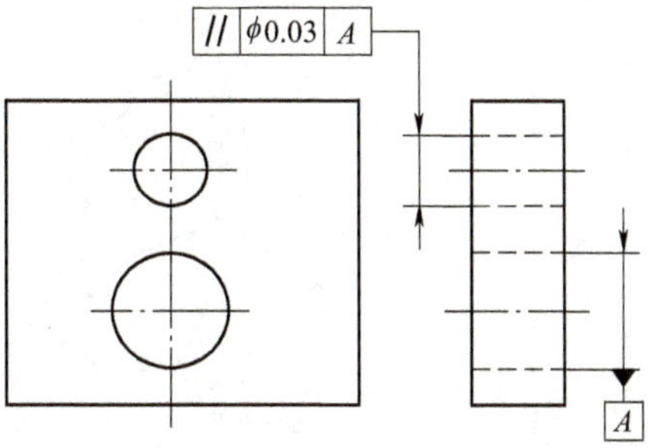 被测轴线必须位于直径为公差值 $\phi$0.03mm 且平行于基准轴线的圆柱面内 |

（续）

| 特征 | | 公差带定义 | 标注和解释 |
|---|---|---|---|
| 垂直度 | 线对线 | 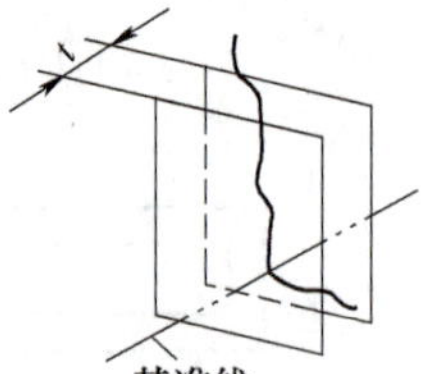 给定方向上线对线的公差带为与基准线垂直的两个平行平面之间的区域 | 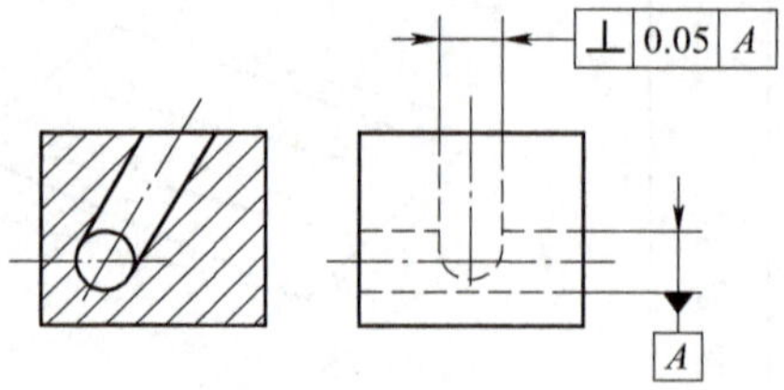 被测轴线位于相距为 0.05mm 两个平行平面之间，这两个平行平面垂直于基准轴线 |
| | 线对面 | 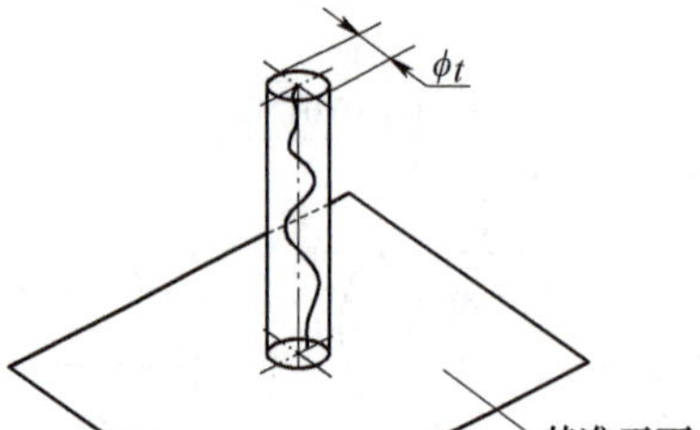 任意方向上线对面的公差带，在公差值前加注 φ，公差带是直径为公差值 t 且垂直于基准面的圆柱面内的区域 | 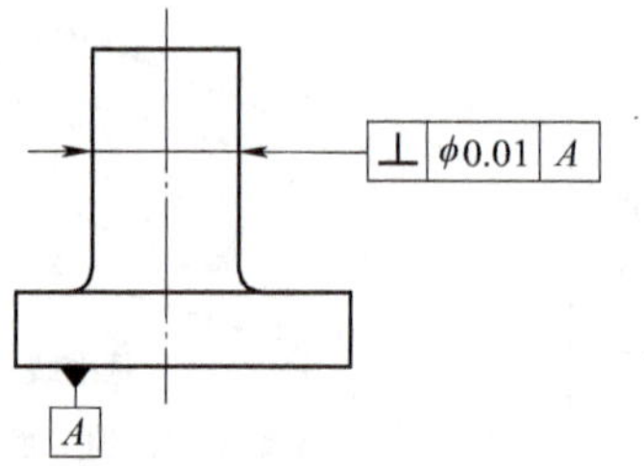 被测轴线必须位于直径为公差值 φ0.01mm 且垂直于基准平面 A 的圆柱面内 |
| | 面对线 | 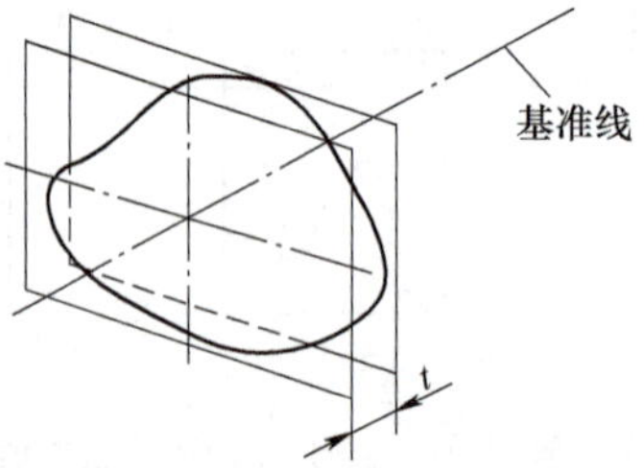 公差带为与基准线垂直的两个平行平面之间的区域 | 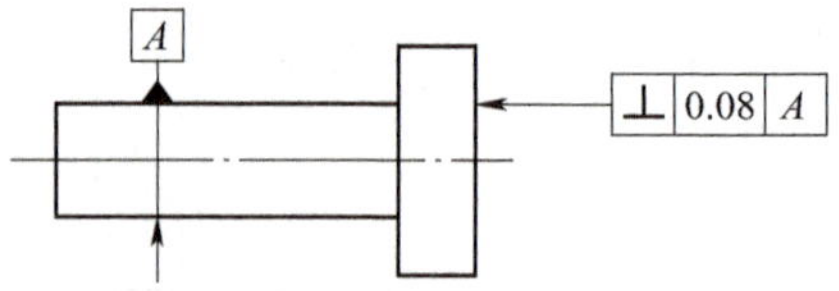 被测端面必须位于公差值为 0.08mm 且垂直于基准轴线 A 的两个平行平面之间 |
| | 面对面 | 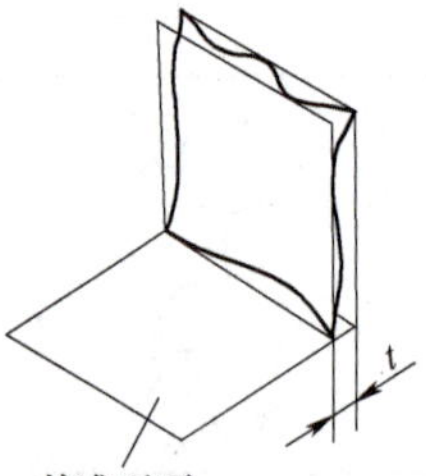 公差带是距离为公差值 t 且垂直于基准平面的两平行平面之间的区域 | 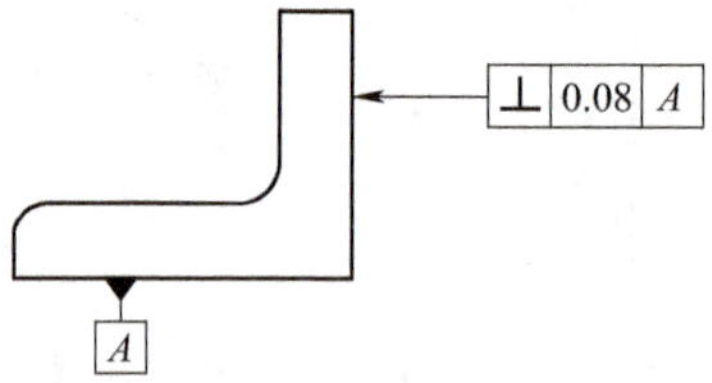 被测表面必须位于距离为公差值 0.08mm 且垂直于基准平面 A 两平行平面之间 |

(续)

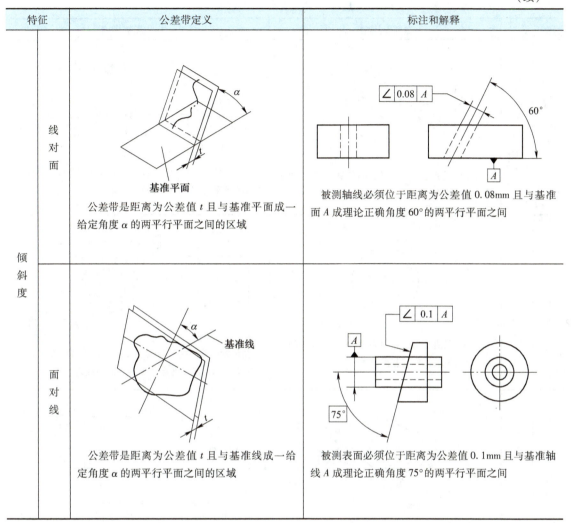

### 3.2.3 位置公差的理解

位置公差是关联实际要素对基准在位置上允许的变动全量。位置公差有同轴度、同心度、对称度和位置度，见表3-8。当被测要素和基准都是导出要素，要求重合或共面时，可用同轴度或对称度，其他情况规定位置度。

**1. 同轴度公差**

同轴度（同心度）公差是用以限制被测要素轴线（点）对基准要素轴线（点）的同轴（同心）位置误差的一项指标。

**2. 对称度公差**

对称度公差是用以限制理论上要求共面的被测要素（中心平面、中心线或轴线）偏离基准要素（中心平面、中心线或轴线）的一项指标。

**3. 位置度公差**

位置度公差是用以限制被测点、线、面的实际位置对其理想位置变动量的一项指标。

表 3-8　位置公差带及图例

| 特征 | | 公差带定义 | 标注和解释 |
|---|---|---|---|
| 同轴度 | 轴线的同轴度 | 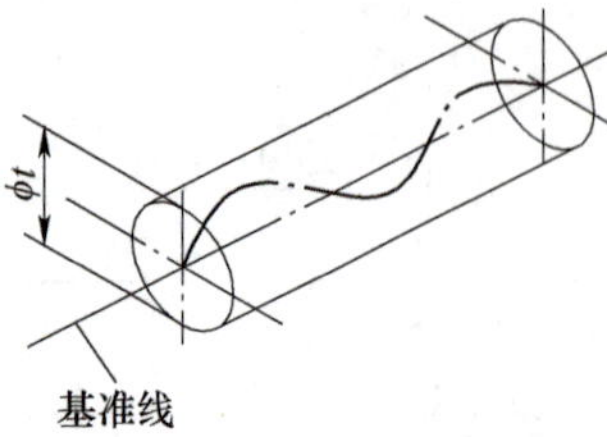 基准线<br>公差带是直径为公差值 φt 的圆柱面内的区域，该圆柱面的轴线与基准轴线同轴 | 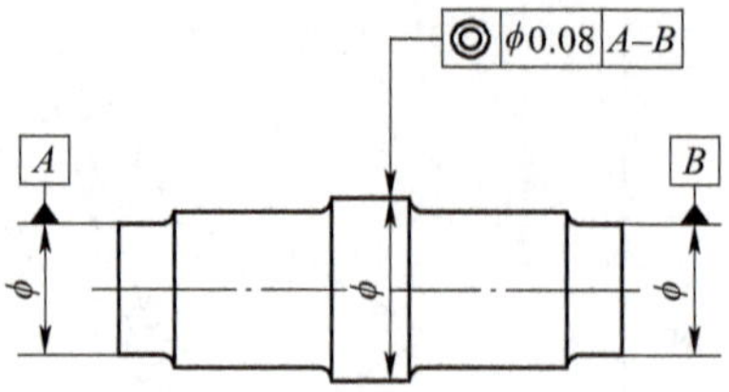 ◎ φ0.08 A-B<br>大圆的轴线必须位于直径为公差值 φ0.08mm 且与公共基准轴线 A-B 同轴的圆柱面内 |
| 同心度 | 点的同心度 | 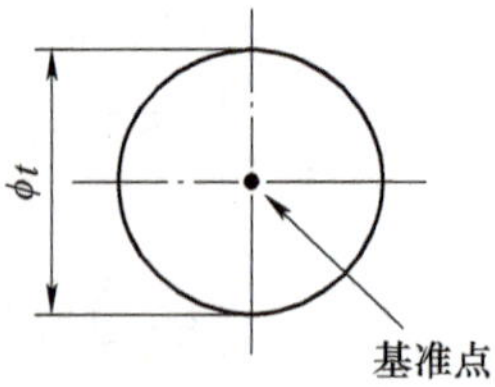 基准点<br>公差带是直径为公差值 φt 的圆周所限定的区域。该圆周的圆心与基准点重合 | 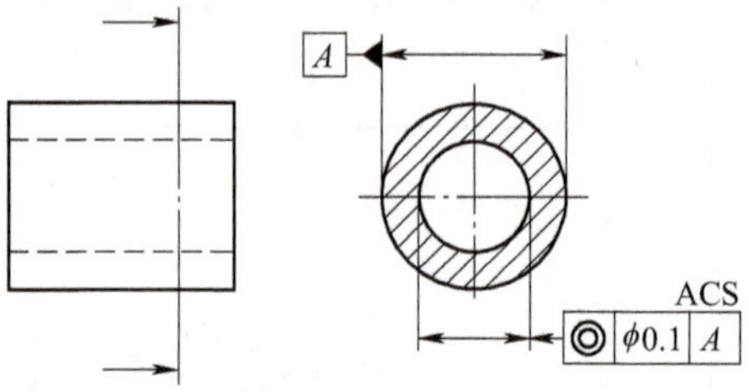 ACS　◎ φ0.1 A<br>在任意横截面内，内圆的实际中心应限定在直径等于 φ0.1mm、以基准点 A 为圆心的圆周内 |
| 对称度 | 中心平面的对称度 | 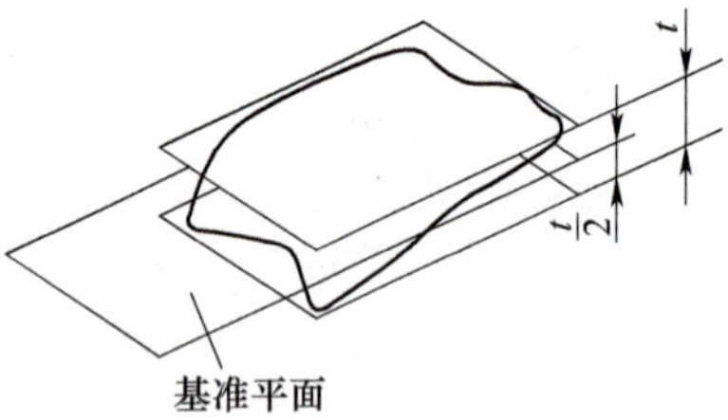 基准平面<br>公差带是距离为公差值 t 且相对基准中心平面对称配置的两平行平面之间的区域 | 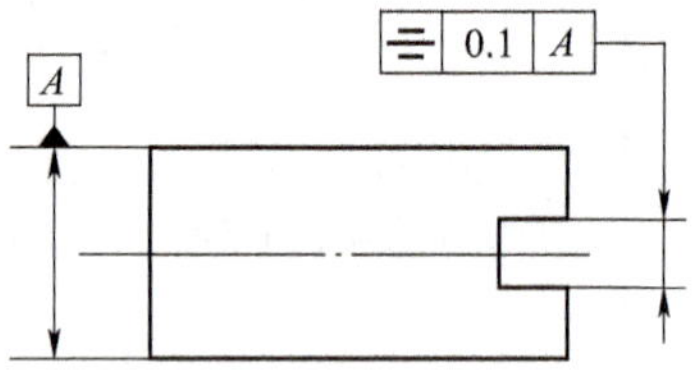 ⫽ 0.1 A<br>被测中心平面必须位于距离为公差值 0.1mm 且相对基准中心平面 A 对称配置的两平行平面之间 |
| 位置度 | 点的位置度 | 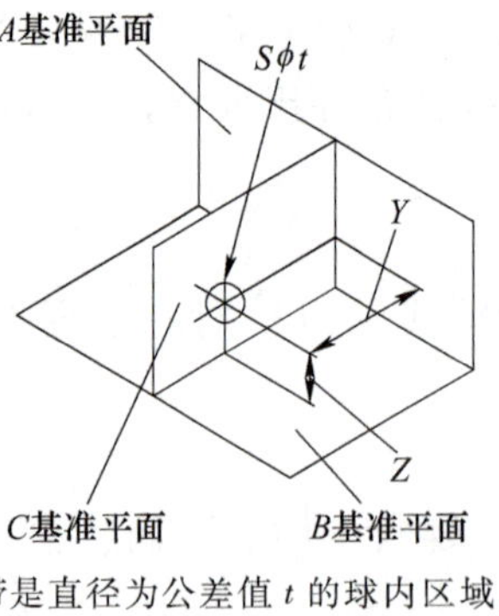 A基准平面　Sφt　C基准平面　B基准平面<br>公差带是直径为公差值 t 的球内区域，球公差带的中心点位于 C 平面上，由相对于基准平面 A 和 B 的理论正确尺寸确定 | 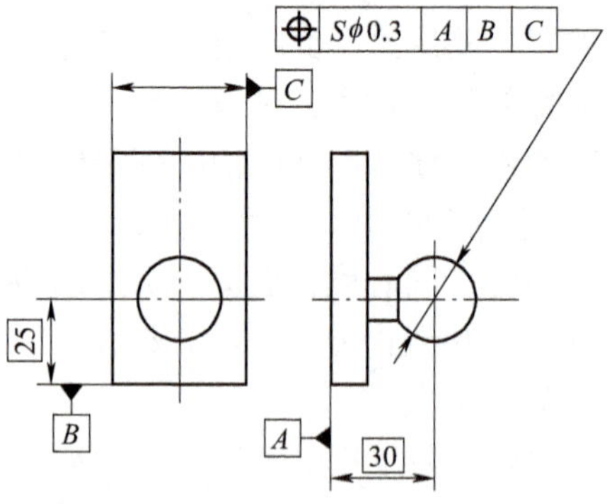 ⊕ Sφ0.3 A B C<br>被测球的球心必须位于直径为公差值 Sφ0.3mm 的球内，该球的球心位于 C 平面，相对基准平面 A 和 B 所确定的理想位置上 |

（续）

| 特征 | | 公差带定义 | 标注和解释 |
|---|---|---|---|
| 位置度 | 线的位置度 | 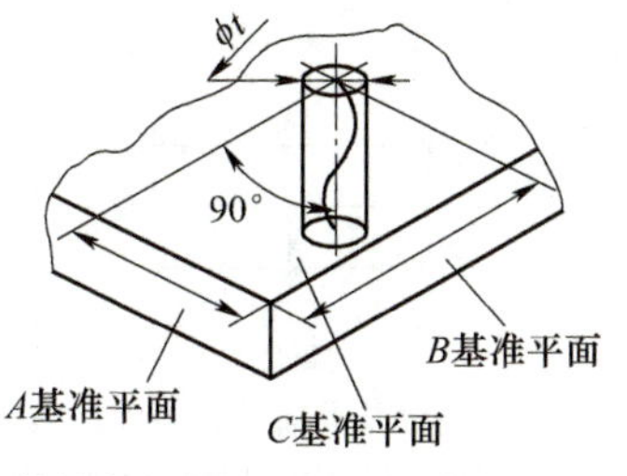 公差带是直径为 φt 的圆柱面内的区域，公差带的轴线的位置度由相对于三基面体系的理论正确尺寸确定 | 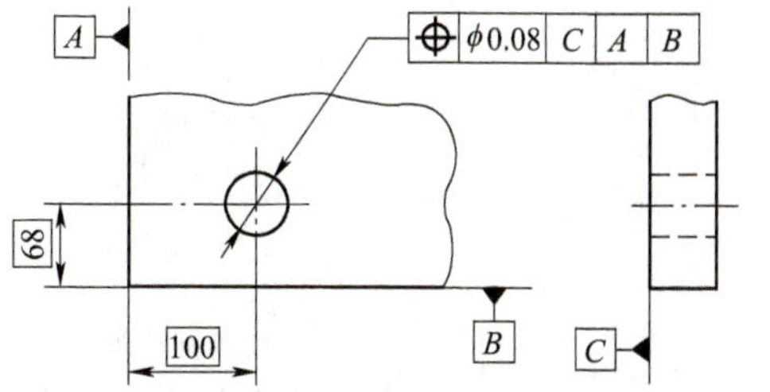 被测轴线必须位于直径为 φ0.08mm 且相对于基准平面 A、B、C 所确定的理想位置为轴线的圆柱内 |
| | 面的位置度 | 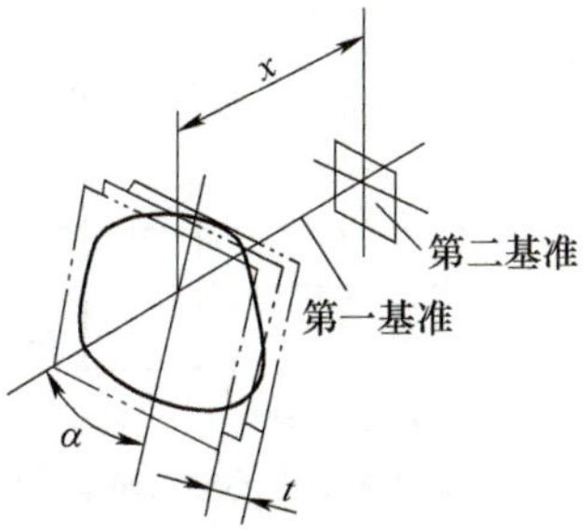 公差带是距离为公差值 t 且中心平面在面的理想位置的两平行平面之间的区域 | 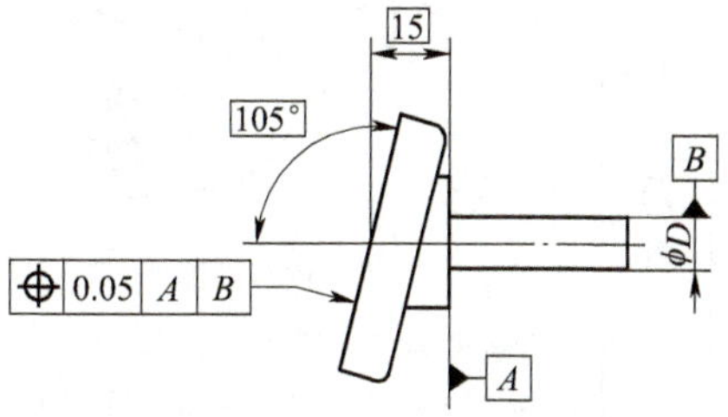 被测平面必须位于距离为公差值 0.05mm、与基准轴线成 105°且对称于基准平面的两平行平面内 |

### 3.2.4 跳动公差的理解

跳动公差是关联实际要素对基准轴线旋转一周或若干次旋转时所允许的最大跳动量，分为圆跳动和全跳动两项，见表 3-9。

表 3-9 跳动公差带及图例

| 特征 | | 公差带定义 | 标注和解释 |
|---|---|---|---|
| 圆跳动 | 径向圆跳动 | 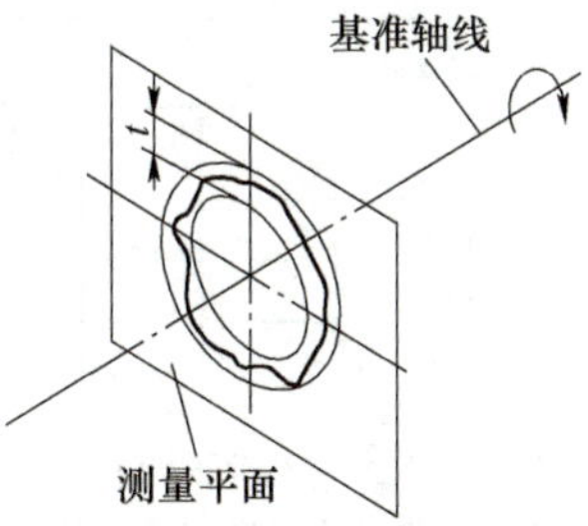 公差带是在垂直于基准轴线的任一测量平面内半径为公差值 t 且圆心在基准轴线上的两个同心圆之间的区域 | 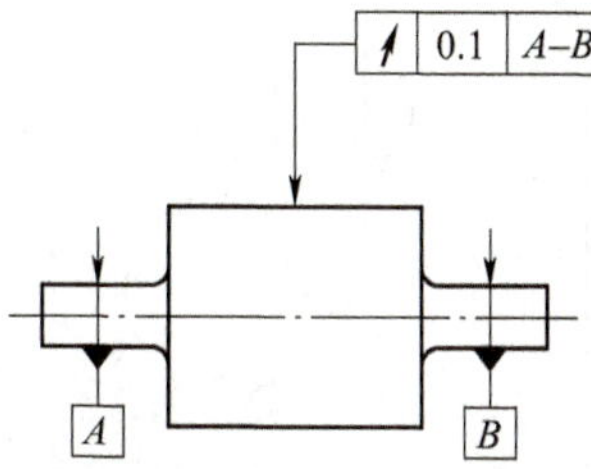 当被测要素围绕基准轴线 A-B 做无轴向移动旋转一周时，在任一测量平面内的径向圆跳动量均不大于 0.1mm |

（续）

| 特征 | | 公差带定义 | 标注和解释 |
|---|---|---|---|
| 圆跳动 | 轴向圆跳动 | 公差带是与基准同轴的任一半径位置的测量圆柱面上距离为 $t$ 的两圆所限定的圆柱面区域 | 被测面绕基准轴线 $D$ 做无轴向移动旋转一周时，在任一测量圆柱面内的轴向跳动量均不得大于 0.1mm |
| | 斜向圆跳动 | 公差带是与基准同轴的任一测量圆锥面上距离为 $t$ 的两圆之间的区域。除另有规定，其测量方向应与被测面垂直 | 被测面绕基准轴线 $C$ 做无轴向移动旋转一周时，在任一测量圆锥面内的轴向跳动量均不得大于 0.1mm |
| 全跳动 | 径向全跳动 | 公差带是半径差为公差值 $t$ 且与基准同轴的两圆柱面之间的区域 | 被测要素围绕基准轴线 $A\text{-}B$ 做若干次旋转，同时测量仪器或工件沿轴向移动，此时在被测要素上各点间的示值差均不大于 0.1mm，测量仪器或工件必须沿着基准轴向方向并相对于公共轴线 $A\text{-}B$ 移动 |
| | 轴向全跳动 | 公差带是距离为公差值 $t$ 且与基准垂直的两平行平面之间的区域 | 被测要素围绕基准轴线 $D$ 做若干次旋转，同时测量仪器或工件间沿轴向移动，此时在被测要素上各点间的示值差均不大于 0.1mm，测量仪器或工件必须沿着相对轴线 $D$ 的正确方向移动 |

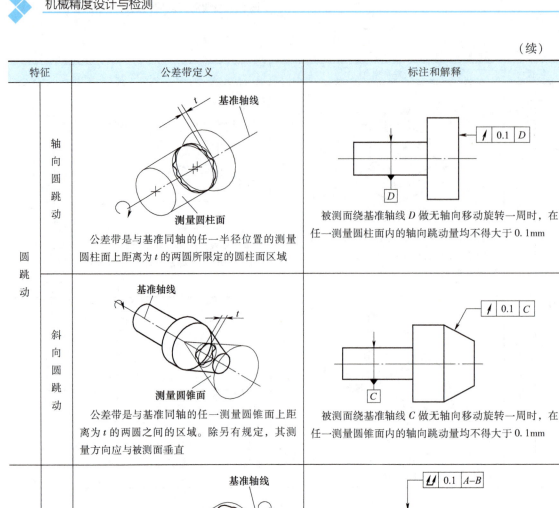

## 1. 圆跳动公差

圆跳动公差是被测要素在某一固定参考点绕基准轴线旋转一周（零件和测量仪器间无轴向位移）时，指示器示值所允许的最大变动量。

## 2. 全跳动公差

全跳动公差是被测要素绕基准轴线做若干次旋转，同时指示器做平行或垂直于基准轴线的直线移动时，在整个表面上所允许的最大变动量。

### 3.2.5 公差原则与公差要求的认知

对同一零件，往往既规定尺寸公差，又同时规定几何公差。公差原则与公差要求就是用来处理尺寸公差和几何公差的规定，即图样上标注的尺寸公差和几何公差是如何控制被测要素的尺寸误差和几何误差的。公差原则与公差要求的相关术语和定义见表 3-10，公差原则与公差要求见表 3-11。

表 3-10 公差原则与公差要求的相关术语和定义

| 术语 | 定义 | 符号 孔 | 符号 轴 |
|---|---|---|---|
| 局部实际尺寸 | 加工完成的回转体零件直径任意正截面上测得的直径尺寸 | $D_a$ | $d_a$ |
| 最大实体尺寸 | 实际要素处于材料最多的情况，局部实际尺寸为极限尺寸 | $D_M = D_{min}$ | $d_M = d_{max}$ |
| 最小实体尺寸 | 实际要素处于材料最少的情况，局部实际尺寸为极限尺寸 | $D_L = D_{max}$ | $d_L = d_{min}$ |
| 最大实体实效尺寸 | 尺寸要素的最大实体尺寸和其导出要素的几何公差共同作用产生的尺寸 | $D_{MV} = D_{min} - t$ | $d_{MV} = d_{max} + t$ |
| 最小实体实效尺寸 | 尺寸要素的最小实体尺寸和其导出要素的几何公差共同作用产生的尺寸 | $D_{LV} = D_{max} + t$ | $d_{LV} = d_{min} - t$ |

注：$t$ 为导出要素的几何误差。

表 3-11 公差原则与公差要求

| 公差原则与公差要求 | | 定义 | 计算方法 | 案例 |
|---|---|---|---|---|
| 公差原则 | 独立原则 | 被测要素在图样上给出的尺寸公差与几何公差各自独立，应分别满足各自要求的公差原则 | 尺寸公差和几何公差均是独立的 | 液压传动中常用的液压缸的内孔，为防止泄漏，对液压缸内孔的形状精度（圆柱度、轴线直线度）提出了较严格的要求，而对其尺寸精度则要求不高，故尺寸公差与几何公差按独立原则给出 |
| 公差要求 | 包容要求 | 被测实际要素位于具有理想形状的包容面内的一种公差要求，该理想形状的尺寸为最大实体尺寸。在尺寸公差代号后面加标 Ⓔ | 被测要素应遵守最大实体边界，在最大实体状态下给定的形状公差值为 0。当被测实际要素偏离最大实体状态时，形状公差可以获得补偿值，补偿量即为偏离量 | $\phi 20_{-0.03}^{\ 0}$ Ⓔ |

（续）

| 公差原则与公差要求 | | 定义 | 计算方法 | 案例 |
|---|---|---|---|---|
| 公差要求 | 最大实体要求 | 用于被测要素时，在几何公差框格内的公差值后面加标Ⓜ | 应用被测要素时，应遵守最大实体实效边界，其几何公差值是在零件尺寸处于最大实体尺寸时给出的，当其实际尺寸偏离最大实体尺寸时，允许几何公差获得补偿值，补偿量即为偏离量 | $\phi 20_{-0.3}^{0}$  — $\phi 0.1$ Ⓜ |
| | | 用于基准要素时，在几何公差框格内的基准字母后面加标Ⓜ | 应用基准要素时，应遵守最大实体实效边界，其几何公差值是在零件尺寸处于最大实体尺寸时给出的，当其形成基准要素的尺寸要素偏离最大实体尺寸时，允许几何公差获得补偿值，补偿量即为偏离量 | $\phi 12_{-0.05}^{0}$  ◎ $\phi 0.04$ Ⓜ $A$ Ⓜ  $\phi 25_{-0.05}^{0}$ Ⓔ  35  15  $A$ |
| | 最小实体要求 | 用于被测要素时，在几何公差框格内的公差值后面加标Ⓛ | 应用被测要素时，应遵守最小实体实效边界，其几何公差值是在零件尺寸处于最小实体尺寸时给出的，当其实际尺寸偏离最小实体尺寸时，允许几何公差获得补偿值，补偿量即为偏离量 | — $\phi 0.1$ Ⓛ  $\phi 20_{-0.03}^{0}$ |
| | | 用于基准要素时，在几何公差框格内的基准字母后面加标Ⓛ | 应用基准要素时，应遵守最小实体实效边界，其几何公差值是在零件尺寸处于最小实体尺寸时给出的，当其形成基准要素的尺寸要素偏离最小实体尺寸时，允许几何公差获得补偿值，补偿量即为偏离量 | 200  ◎ $\phi t$ Ⓛ $A$ Ⓛ  90  $A$ |
| | 可逆要求 | 导出要素的几何误差值小于给出的几何公差值时，允许在满足零件功能要求的前提下扩大尺寸公差的一种要求。可逆要求只应用于被测要素，并且只能与最大实体要求和最小实体要求联用。位置公差框格的公差值后面Ⓜ或Ⓛ后加Ⓡ | 可逆要求用于最大（小）实体要求时，遵守的边界是最大（小）实体实效边界，除了尺寸公差可以转换为几何公差，在几何公差富余的条件下，也可转换为尺寸公差 | $\phi 20_{-0.1}^{0}$  ⊥ $\phi 0.2$ Ⓜ Ⓡ $D$  $D$ |

(续)

| 公差原则与公差要求 | | 定义 | 计算方法 | 案例 |
|---|---|---|---|---|
| 公差要求 | 零几何公差 | 当关联要素采用最大（最小）实体要求且几何公差为零时，则称为零几何公差 | 被测要素的最大（最小）实体实效边界等于最大（最小）实体边界，最大（最小）实体实效尺寸等于最大（最小）实体尺寸 | $\phi 50h7(_{-0.025}^{0})$ ⊥ $\phi 0$Ⓜ $A$ |

### 任务实施

减速器输出轴的几何公差与公差要求的分析见表3-12。

表3-12　减速器输出轴的几何公差与公差要求

| 序号 | 几何要素 | 几何公差和公差要求 | 分析 |
|---|---|---|---|
| 1 | $\phi 55k6_{+0.002}^{+0.021}$Ⓔ | 包容要求 | 为保证两段 $\phi 55k6$ 轴颈，与P0级滚动轴承内圈配合性质 |
| 2 | ⌭ 0.005 | 圆柱度 0.005mm | 按《滚动轴承　配合》（GB/T 275—2015）规定，与P0级轴承配合的轴颈，为保证轴承套圈的几何精度，在遵守包容要求的情况下进一步提出圆柱公差为 0.005mm（6级）的要求 |
| 3 | ⌯ 0.025  A-B | 径向圆跳动公差 0.025mm | 两轴颈安装上滚动轴承后，将分别与减速箱体的两孔配合，需限制两轴颈的同轴度误差，以免影响轴承外圈和箱体孔的配合，故又提出了两轴颈径向圆跳动公差 0.025mm（7级），基准为两轴颈轴线的公共轴线 |
| 4 | ⌯ 0.015  A-B | 轴向圆跳动公差 0.015mm | $\phi 62$ 处左、右两轴肩为齿轮、轴承的定位面，应与轴线垂直，参考 GB/T 275—2015 的规定，提出两轴肩相对于基准轴线 A-B 的轴向圆跳动公差 0.015mm（6级），基准为两轴颈轴线的公共轴线 |
| 5 | $\phi 56k6$Ⓔ | 包容要求 | 为保证配合性质，采用包容要求<br>包容要求，当实际尺寸 $d_a$ 为最大实体尺寸 $d_M = 56.021$ 时，其几何误差 $t=0$；当实际尺寸 $d_a$ 偏离最大实体尺寸 $d_M$，时 $d_a = 56$，允许的几何误差可以相应增加，增加量为实际尺寸与最大实体尺寸之差（绝对值）56.021-56 = 0.021，其最大增加量等于尺寸公差 0.023，这表明，尺寸公差可以转化为几何公差 |
| | $\phi 45m6$Ⓔ | 包容要求 | 为保证配合性质，采用包容要求<br>包容要求，当实际尺寸 $d_a$ 为最大实体尺寸 $d_M = 45.025$ 时，其几何误差 $t=0$；当实际尺寸 $d_a$ 偏离最大实体尺寸 $d_M$，时 $d_a = 45$，允许的几何误差可以相应增加，增加量为实际尺寸与最大实体尺寸之差（绝对值）45.025-45 = 0.025，其最大增加量等于尺寸公差 0.034，这表明，尺寸公差可以转化为几何公差 |
| 6 | ⌯ 0.025  A-B | 径向圆跳动公差 | 为保证齿轮的正确啮合，对 $\phi 56k6$ 圆柱还提出了对基准 A-B 的径向圆跳动公差 0.025mm（7级） |

(续)

| 序号 | 几何要素 | 几何公差和公差要求 | 分析 |
|---|---|---|---|
| 7 | ⌒ 0.02 C<br>⌒ 0.025 D | 对称度公差值分为 0.02mm 和 0.025mm | 键槽对称度常用 7~9 级，此处选 8 级，对称度公差值为 0.02mm 和 0.025mm |

### 任务评价

| 序号 | 考核项目 | 考核内容 | 检验规则 | 分值 小组自评(20%) | 分值 小组互评(40%) | 分值 教师评分(40%) |
|---|---|---|---|---|---|---|
| 1 | φ55k6 轴颈 | 公差要求 | 8 分/考核点，共 8 分 | | | |
| 2 | | 公差要求分析 | 8 分/考核点，共 16 分 | | | |
| 3 | | 几何公差分析 | 10 分/考核点，共 20 分 | | | |
| 4 | φ56k6 | 公差要求 | 8 分/考核点，共 8 分 | | | |
| 5 | | 几何公差分析 | 8 分/考核点，共 8 分 | | | |
| 6 | φ45m6 | 公差要求 | 8 分/考核点，共 8 分 | | | |
| 7 | 键槽 | 几何公差 | 8 分/考核点，共 16 分 | | | |
| 8 | φ62 轴肩 | 几何公差 | 8 分/考核点，共 16 分 | | | |
| | 总分 | | 100 分 | | | |
| | 合计 | | | | | |

## 任务 3.3　减速器输出轴的几何公差设计

### 任务描述

图 3-14 所示为一级直齿圆柱齿轮减速器的输出轴，已知传递的功率 $P = 5\text{kW}$，$n_1 = 960\text{r/min}$，稍有冲击。根据工况条件试对减速器输出轴重要表面选择几何公差项目、几何公差值，并进行图样标注。

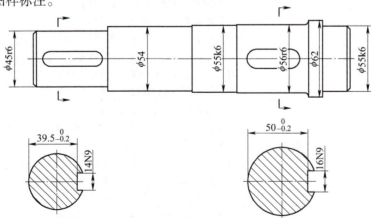

图 3-14　一级直齿圆柱齿轮减速器的输出轴

### 任务分析

图 3-14 所示一级直齿圆柱齿轮减速器的输出轴的传递功率不大，采用低速加工。轴类零件的尺寸标准公差等级 ≥ IT6。重要表面为轴颈 $\phi 55k6$，为保证输出轴的技术要求，输出轴的加工方法为车削后热处理，再磨削。第二重要表面为安装齿轮的 $\phi 56r6$ 和联轴器的 $\phi 45r6$，精车完成。第三重要表面为两个键槽 14N9 和 16N9，通过键槽铣刀完成。其他外圆按照经济加工精度完成。几何公差根据减速器的使用功能，采用类比法来选择。

### 相关知识

正确选用几何公差项目、合理确定几何公差数值，对提高产品的质量和降低成本具有重要意义。几何公差的选用主要包括选择和确定公差特征项目、公差数值、公差原则。

#### 3.3.1 几何公差项目的选择

**1. 零件的几何特征**

零件的几何特征不同，会产生不同的几何误差。例如：回转类（轴类、套类）零件中的阶梯轴，它的组成要素是圆柱面、端面，导出要素是轴线。

从项目特征看，同轴度主要用于轴线，是为了限制轴线的偏离。跳动能综合限制要素的形状。

**2. 零件的功能要求**

机器对零件不同功能的要求，决定零件需选用不同的几何公差项目。若阶梯轴两轴承位置明确要求限制轴线间的偏差，应采用同轴度。但如果阶梯轴对几何精度有要求，而无需区分轴线的位置误差与圆柱面的形状误差，则可选跳动项目。

**3. 方便检测**

在满足功能要求的前提下，为了方便检测，应该选用测量简便的项目代替难于测量的项目，有时可将所需的公差项目用控制效果相同或相近的公差项目来代替。

总之，设计者只有在充分地明确所设计零件的精度要求、熟悉零件的加工工艺和有一定检测经验的情况下，才能为零件选择合理、恰当的几何公差特征项目。

#### 3.3.2 几何公差值（或公差等级）的选择

几何公差值的确定要根据零件的功能要求，并考虑加工的经济性和零件的结构、刚性等情况，几何公差值的大小又取决于几何公差等级（结合主参数），因此，确定几何公差值实际上就是确定几何公差等级。

**1. 图样上注出公差值的规定**

对于几何公差有较高要求的零件，应在图样上按规定注出公差值。在国家标准中，将几何公差分为 12 个等级，1 级最高，依次递减，6 级与 7 级为基本级。圆度和圆柱度还增加了精度更高的 0 级。国家标准还给出了各几何公差项目的公差值表和位置度数系表及各公差值表中主参数的含义，见表 3-13 ~ 表 3-16。

表 3-13　直线度和平面度公差值（GB/T 1184—1996）　　　（单位：μm）

| 主参数 L/mm | 公差等级 | | | | | | | | | | | |
|---|---|---|---|---|---|---|---|---|---|---|---|---|
| | 1 | 2 | 3 | 4 | 5 | 6 | 7 | 8 | 9 | 10 | 11 | 12 |
| ≤10 | 0.2 | 0.4 | 0.8 | 1.2 | 2 | 3 | 5 | 8 | 12 | 20 | 30 | 60 |
| >10~16 | 0.25 | 0.5 | 1 | 1.5 | 2.5 | 4 | 6 | 10 | 15 | 25 | 40 | 80 |
| >16~25 | 0.3 | 0.6 | 1.2 | 2 | 3 | 5 | 8 | 12 | 20 | 30 | 50 | 100 |
| >25~40 | 0.4 | 0.8 | 1.5 | 2.5 | 4 | 6 | 10 | 15 | 25 | 40 | 60 | 120 |
| >40~63 | 0.5 | 1 | 2 | 3 | 5 | 8 | 12 | 20 | 30 | 50 | 80 | 150 |
| >63~100 | 0.6 | 1.2 | 2.5 | 4 | 6 | 10 | 15 | 25 | 40 | 60 | 100 | 200 |

注：主参数 L 系轴、直线、平面的长度。

表 3-14　圆度、圆柱度公差值（GB/T 1184—1996）　　　（单位：μm）

| 主参数 d(D)/mm | 公差等级 | | | | | | | | | | | | |
|---|---|---|---|---|---|---|---|---|---|---|---|---|---|
| | 0 | 1 | 2 | 3 | 4 | 5 | 6 | 7 | 8 | 9 | 10 | 11 | 12 |
| ≤3 | 0.1 | 0.2 | 0.3 | 0.5 | 0.8 | 1.2 | 2 | 3 | 4 | 6 | 10 | 14 | 25 |
| >3~6 | 0.1 | 0.2 | 0.4 | 0.6 | 1 | 1.5 | 2.5 | 4 | 5 | 8 | 12 | 18 | 30 |
| >6~10 | 0.12 | 0.25 | 0.4 | 0.6 | 1 | 1.5 | 2.5 | 4 | 6 | 9 | 15 | 22 | 36 |
| >10~18 | 0.15 | 0.25 | 0.5 | 0.8 | 1.2 | 2 | 3 | 5 | 8 | 11 | 18 | 27 | 43 |
| >18~30 | 0.2 | 0.3 | 0.6 | 1 | 1.5 | 2.5 | 4 | 6 | 9 | 13 | 21 | 33 | 52 |
| >30~50 | 0.25 | 0.4 | 0.6 | 1 | 1.5 | 2.5 | 4 | 7 | 11 | 16 | 25 | 39 | 62 |
| >50~80 | 0.3 | 0.5 | 0.8 | 1.2 | 2 | 3 | 5 | 8 | 13 | 19 | 30 | 46 | 74 |

注：主参数 d(D) 系轴（孔）的直径。

表 3-15　平行度、垂直度、倾斜度公差值（GB/T 1184—1996）　　　（单位：μm）

| 主参数 L、d(D)/mm | 公差等级 | | | | | | | | | | | |
|---|---|---|---|---|---|---|---|---|---|---|---|---|
| | 1 | 2 | 3 | 4 | 5 | 6 | 7 | 8 | 9 | 10 | 11 | 12 |
| ≤10 | 0.4 | 0.8 | 1.5 | 3 | 5 | 8 | 12 | 20 | 30 | 50 | 80 | 120 |
| >10~16 | 0.5 | 1 | 2 | 4 | 6 | 10 | 15 | 25 | 40 | 60 | 100 | 150 |
| >16~25 | 0.6 | 1.2 | 2.5 | 5 | 8 | 12 | 20 | 30 | 50 | 80 | 120 | 200 |
| >25~40 | 0.8 | 1.5 | 3 | 6 | 10 | 15 | 25 | 40 | 60 | 100 | 150 | 250 |
| >40~63 | 1 | 2 | 4 | 8 | 12 | 20 | 30 | 50 | 80 | 120 | 200 | 300 |
| >63~100 | 1.2 | 2.5 | 5 | 10 | 15 | 25 | 40 | 60 | 100 | 150 | 250 | 400 |

注：主参数 L 为给定平行度时轴线或平面的长度，或给定垂直度、倾斜度时被测要素的长度；主参数 d(D) 为给定面对线垂直度时被测要素的轴（孔）直径。

## 项目3 减速器的几何公差设计与误差检测

表 3-16　同轴度、对称度、圆跳动和全跳动公差值（GB/T 1184—1996）（单位：μm）

| 主参数 $L$、$B$、$d(D)$/mm | 公差等级 | | | | | | | | | | | |
|---|---|---|---|---|---|---|---|---|---|---|---|---|
| | 1 | 2 | 3 | 4 | 5 | 6 | 7 | 8 | 9 | 10 | 11 | 12 |
| ≤1 | 0.4 | 0.6 | 1.0 | 1.5 | 2.5 | 4 | 6 | 10 | 1580 | 25 | 40 | 60 |
| ≤1~3 | 0.4 | 0.6 | 1.0 | 1.5 | 2.5 | 4 | 6 | 10 | 21000 | 40 | 60 | 120 |
| >3~6 | 0.5 | 0.8 | 1.2 | 2 | 3 | 5 | 8 | 12 | 21205 | 50 | 80 | 150 |
| >6~10 | 0.6 | 1 | 1.5 | 2.5 | 4 | 6 | 10 | 15 | 31500 | 60 | 100 | 200 |
| >10~18 | 0.8 | 1.2 | 2 | 3 | 5 | 8 | 12 | 20 | 42000 | 80 | 120 | 250 |
| >18~30 | 1 | 1.5 | 2.5 | 4 | 6 | 10 | 15 | 25 | 52500 | 100 | 150 | 300 |
| >30~50 | 1.2 | 2 | 3 | 5 | 8 | 12 | 20 | 30 | 60 | 120 | 200 | 400 |
| >50~120 | 1.5 | 2.5 | 4 | 6 | 10 | 15 | 25 | 40 | 80 | 150 | 250 | 500 |

注：主参数 $d(D)$ 为给定同轴度时轴直径，或给定圆跳动、全跳动时轴（孔）直径；主参数 $B$ 为给定对称度时槽的宽度；主参数 $L$ 为给定两孔对称度时的孔心距。

几何公差值（公差等级）常用类比法确定。主要考虑零件的使用性能、加工的可能性和经济性等因素，即成本和产出的关系。故选择几何公差等级时，可以参照这些影响因素加以综合考虑，见表 3-17~表 3-20，可供类比时参考。

表 3-17　直线度、平面度公差等级应用

| 公差等级 | 应用举例 |
|---|---|
| 5 | 1 级平板，2 级宽平尺，平面磨床的纵导轨、垂直导轨、立柱导轨及工作台，液压龙门刨床和转塔车床床身导轨，柴油机进气、排气阀门导杆 |
| 6 | 普通机床导轨面，如卧式车床、龙门刨床、滚齿机、自动车床等的床身导轨、立柱导轨、柴油机壳体 |
| 7 | 2 级平板，机床主轴箱，摇臂钻床底座和工作台，镗床工作台，液压泵盖，减速器壳体结合面 |
| 8 | 机床传动箱体，交换齿轮箱体，车床溜板箱体，柴油机气缸体，连杆分离面，缸盖接合面，汽车发动机缸盖，曲轴箱接合面，液压管件和端盖连接面 |
| 9 | 3 级平板，自动车床床身底面，摩托车曲轴箱体，汽车变速器壳体，手动机械的支承面 |

表 3-18　圆度和圆柱度公差等级应用

| 公差等级 | 应用举例 |
|---|---|
| 5 | 一般计量仪器主轴，测杆外圆柱面，陀螺仪轴颈，一般机床主轴轴颈及主轴轴承孔，柴油机、汽油机的活塞、活塞销，与 E 级滚动轴承配合的轴颈 |
| 6 | 仪表端盖外圆柱面，一般机床主轴及前轴承孔，泵、压缩机的活塞、气缸，汽油发动机凸轮轴，纺织锭子，减速传动轴轴颈，高速船用柴油机，拖拉机曲轴主轴颈，与 E 级滚动轴承配合的外壳体，与 G 级滚动轴承配合的轴颈 |
| 7 | 大功率低速柴油机曲轴轴颈、活塞、活塞销、连杆、气缸，高速柴油机箱体轴承孔，千斤顶或液压缸活塞，机车传动轴，水泵及通用减速器转轴轴颈，与 G 级滚动轴承配合的轴承座孔 |
| 8 | 低速发动机、大功率曲柄轴轴颈，压气机连杆盖、体，拖拉机气缸、活塞，炼胶机冷铸轴辊，印刷机传墨辊，内燃机曲轴轴颈，柴油机凸轮轴承孔，凸轮轴，拖拉机、小型船用柴油机气缸套 |
| 9 | 空气压缩机缸体，液压传动筒，通用机械杠杆与拉杆用套筒销子，拖拉机活塞环、套筒孔 |

表 3-19 平行度、垂直度、倾斜度公差等级应用

| 公差等级 | 应用举例 |
| --- | --- |
| 4、5 | 卧式车床导轨，重要支承面，机床主轴孔对基准的平行度，精密机床重要零件，计量仪器、量具、模具的基准面和工作面，主轴箱体重要孔，通用减速器壳体孔，齿轮泵的油孔端面，发动机轴和离合器的凸缘，气缸支承端面，安装精密滚动轴承的壳体孔的凸肩 |
| 6、7、8 | 一般机床的基准面和工作面，压力机和锻锤的工作面，中等精度钻模的工作面，机床一般轴孔对基准面的平行度，变速器箱体孔，主轴花键对定心直径部位轴线的平行度，重型机械轴承盖端面，卷扬机、手动传动装置中的传动轴，一般导轨，主轴箱体孔，刀架，砂轮架，气缸配合面对基准轴线，活塞销孔对活塞中心线的垂直度，滚动轴承内、外圈端面对轴线的垂直度 |
| 9、10 | 低精度零件，重型机械滚动轴承端盖，柴油机、燃气发动机箱体曲轴孔、曲轴颈、花键轴和轴肩端面，皮带运输机端盖等端面对轴线的垂直度，手动卷扬机及传动装置中的轴承端面，减速器壳体平面 |

表 3-20 同轴度、对称度和跳动公差等级应用

| 公差等级 | 应用举例 |
| --- | --- |
| 5、6、7 | 这是应用范围较广的公差等级。用于几何精度要求较高、尺寸公差等级为 IT8 及高于 IT8 的零件。5 级常用于机床轴颈，计量仪器的测量杆，汽轮机主轴，柱塞油泵转子，高精度滚动轴承外圈，一般精度滚动轴承内圈，回转工作台轴向圆跳动。7 级用于内燃机曲轴、凸轮轴、齿轮轴，水泵轴，汽车后轮输出轴，电动机转子，印刷机传墨辊的轴颈，键槽 |
| 8、9 | 常用于几何精度要求一般、尺寸公差等级 IT9～IT11 的零件。8 级用于拖拉机发动机分配轴轴颈，与 9 级精度以下齿轮相配的轴，水泵叶轮，离心泵体，棉花精梳机前、后滚子，键槽等。9 级用于内燃机气缸套配合面，自行车中轴 |

**2. 确定几何公差值（公差等级）应注意的情况**

1）形状公差与位置公差的关系。同一要素上给定的形状公差值应小于位置公差值。如同一平面，平面度公差值应小于该平面对基准的平行度公差值，即应满足关系：形状公差<方向公差<位置公差。

2）几何公差与尺寸公差的关系。圆柱形零件的形状公差值（轴线直线度除外）应小于其尺寸公差值，平行度公差值应小于其相应的距离尺寸的公差值。

### 3.3.3 公差原则与公差要求的选择

**1. 独立原则**

独立原则的适用范围较广，在尺寸公差、几何公差二者要求都严、一严一松、二者要求都松的情况下，适用独立原则都能满足要求。例如：印刷机滚筒几何公差要求严、尺寸公差要求松；通油孔几何公差要求松，尺寸公差要求严；连杆的小头孔尺寸公差、几何公差都严，使用独立原则能满足要求。零件上未注公差遵循独立原则。遵循独立原则的零件用通用测量器具进行检测。

**2. 包容要求**

包容要求用于机器零件上配合性质要求较严的配合表面，如滑动轴承与轴的配合、滑块和滑块槽的配合、车床尾座孔与其套筒的配合等。既要保证零件的可装配性，又要保证对中

精度、运动精度和齿轮啮合良好，选用包容要求。选用包容要求时，可用光滑极限量规来检测实际尺寸和体外作用尺寸，检测方便。

### 3. 最大实体要求

最大实体要求主要用于保证可装配性的场合，如用于穿过螺栓的通孔的位置度公差。选用最大实体要求时，通常用位置量规检验零件。位置量规（通规）检验体外作用尺寸是否超越最大实体实效边界，即位置量规测头模拟最大实体实效边界。位置量规测头通过为合格。被测实际要素的局部实际尺寸，采用通用量具按两点法测量，以判定是否超越最大实体尺寸和最小实体尺寸。局部尺寸在极限尺寸内即为合格。

### 4. 最小实体要求

最小实体要求主要用于需要保证零件的强度和最小壁厚（如空心的圆柱凸台、带孔的小垫圈或耳板）等场合，目前应用较少。最小实体要求的检测目前没有检验用量规，因为量规无法实现检测过程，不能进入被测要素测量体内作用尺寸。生产中一般采用绘图法求得被测要素体内作用尺寸，具备较好条件时，可采用三坐标测量仪测量并由计算机处理测量数据。被测实际要素的局部实际尺寸用通用量具按两点法测量，以判断是否合格。

### 5. 可逆要求

可逆要求与最大（最小）实体要求连用，能充分利用公差带，扩大被测要素实际尺寸的范围，在一定程度上能够降低工件的废品率，在不影响使用要求的前提下提高了经济效益。

## 任务实施

根据图 3-14 所示减速器输出轴的使用功能，采用类比法选择，见表 3-21。

表 3-21 减速器输出轴设计方案

| 序号 | 设计要素 | 设计方案 | 原因分析 |
|---|---|---|---|
| 1 | φ55k6 两段轴颈 | 圆柱度公差值为 0.005mm 圆跳动公差值为 0.025mm | φ55k6 两段轴颈上安装轴承，轴颈的几何精度直接影响减速器的回转精度，是输出轴的第一重要表面，查表 3-18 得轴颈的圆柱度公差等级为 6，查表 3-14 选择圆柱度公差值为 0.005mm；两段轴颈轴线的公共轴线为公共基准，查表 3-20 得轴颈的径向圆跳动公差等级为 7，查表 3-16 选择圆跳动公差值为 0.025mm |
| 2 | φ56r6 外圆 | 跳动公差值为 0.025mm | φ56r6 外圆上安装齿轮，需要控制径向圆跳动，查表 3-20 得圆跳动公差等级为 7，基准选择按照统一基准原则，选 φ55k6 轴颈的公共轴线为基准，查表 3-16 得圆跳动公差值为 0.025mm |
| 3 | 14N9 键槽 | 对称度公差值 0.02mm | 14N9 键槽安装平键传递转矩，需要控制对中性，查表 3-20 得对称度公差等级为 8，基准选择 φ45r6 外圆轴线，查表 3-16 得对称度公差值为 0.02mm |
| 4 | 16N9 键槽 | 对称度公差值 0.02mm | 16N9 键槽安装平键传递转矩，需要控制对中性，查表 3-20 得对称度公差等级为 8，基准选择 φ56r6 外圆轴线，查表 3-16 得对称度公差值为 0.02mm |
| 5 | φ62 外圆轴肩 | 圆跳动公差值为 0.015mm | φ62 外圆轴肩需要对齿轮和轴承进行轴向定位，需要控制轴向圆跳动，查表 3-20 得圆跳动公差等级为 8，基准选择按照统一基准原则，选 φ55k6 轴颈的公共轴线为基准，查表 3-16 得圆跳动公差值为 0.015mm |

图样标注如图 3-15 所示。

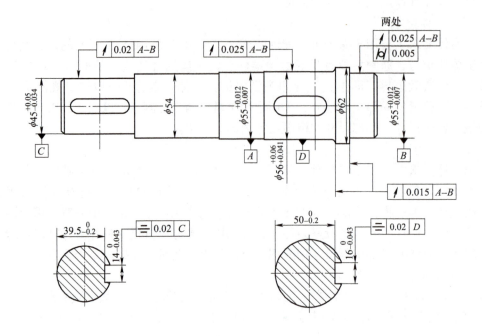

图 3-15 减速器输出轴图样标注

## 任务评价

| 序号 | 考核项目 | 考核内容 | 检验规则 | 分值 小组自评(20%) | 分值 小组互评(40%) | 分值 教师评分(40%) |
|---|---|---|---|---|---|---|
| 1 | 减速器输出轴的几何公差设计 | φ55k6 外圆 | 10 分/考核点,共 20 分 | | | |
| | | φ56r6 外圆 | 8 分/考核点,共 8 分 | | | |
| | | φ62 外圆左右轴肩 | 6 分/考核点,共 12 分 | | | |
| | | 14N9 键槽 | 8 分/考核点,共 8 分 | | | |
| | | 16N9 键槽 | 8 分/考核点,共 8 分 | | | |
| 2 | 减速器输出轴的图样标注 | φ55k6 外圆 | 8 分/考核点,共 16 分 | | | |
| | | φ56r6 外圆 | 6 分/考核点,共 6 分 | | | |
| | | φ62 外圆左轴肩 | 5 分/考核点,共 5 分 | | | |
| | | φ62 外圆右轴肩 | 5 分/考核点,共 5 分 | | | |
| | | 14N9 键槽 | 6 分/考核点,共 6 分 | | | |
| | | 16N9 键槽 | 6 分/考核点,共 6 分 | | | |
| 总分 | | | 100 分 | | | |
| 合计 | | | | | | |

## 任务 3.4　减速器输出轴的几何误差检测

**任务描述**

根据图 3-16 所示减速器输出轴零件，选择相应计量器具检测几何误差。

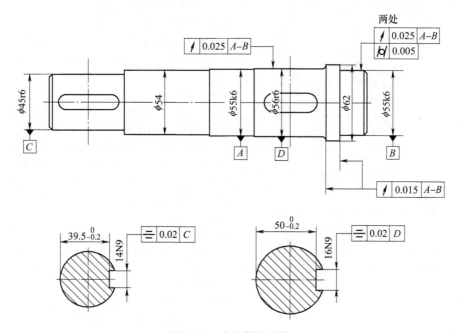

图 3-16　减速器输出轴

**任务分析**

输出轴的使用要求是必须满足的。在轴与孔配合时，如果轴的几何误差较大，则可能无法满足安装后减速器功能要求，如果误差值太大甚至会出现无法装配的现象。为满足输出轴的互换性要求和装配后的减速器功能要求，需要对轴进行几何误差检测，确保输出轴质量。

**相关知识**

几何误差是指被测实际要素对其理想要素的变动量。在几何误差的检测中，是以测得的要素作为实际要素，根据测得要素来评定几何误差值的。根据几何误差是否在几何公差的范围内，得出零件合格与否的结论。

几何误差检测一般分三个步骤：根据误差项目和检测条件确定检测方案，根据方案选择计量器具，并确定测量基准；进行测量，得到被测实际要素的有关数据；进行数据处理，按最小条件确定最小包容区域，得到几何误差数值。

### 3.4.1 几何误差的常规计量器具的使用

几何误差的常规计量器具见表3-22。

表3-22 几何误差的常规计量器具

| 计量器具 | 实物图 | 使用方法 |
| --- | --- | --- |
| 指针式百分表 | （百分表实物图）<br>百分表既能测出相对数值，也能测出绝对数值。分度值为0.01mm。测量时指针读数的变动量即为尺寸变化量。当测杆向上或向下移动1mm时，大指针转一圈，小指针转一格。度盘可以转动，以便测量时大指针对准零刻线 | （1）测量前<br>①检查测量杆活动是否灵活<br>②把百分表固定在可靠的夹持架上<br>③调整测头方向测量平面时，百分表的测头要与平面垂直，测量圆柱形工件的圆跳动时，测头要与工件的轴线垂直<br>④调整百分表到零位<br>（2）测量时<br>①在测量范围内按测量路线水平均匀移动表座进行测量；被测面的误差不超过百分表的测量范围，测头不能突然撞到工件上，百分表不能测量表面粗糙度或有显著凹凸不平的工件<br>②读数方法：先读小表盘上的毫米整数的变化值，再读大表盘的小数部分（记得估读一位）并乘以0.01，两者相加，即得到所测量的数值，注意百分表读数有正（正转）有负（反转）<br>（3）测量后<br>在不使用时，要摘下百分表，使表卸除其所有负荷，让测头处于自由状态，并保存于盒内，避免丢失与混用 |
| 杠杆式百分表 | （杠杆式百分表实物图）<br>杠杆式百分表分度值为0.01mm，测量范围不大于1mm，表盘上有对应刻度。测杆能在正、反方向上进行工作，测量面与测头使用时需水平（配合高度尺归零时不适用） | （1）测量前<br>①检查相互作用：轻轻移动测杆，指针应有较大位移，指针与表盘应无摩擦，测杆、指针无卡阻或跳动<br>②检查测头：球形测头应为光洁圆弧面。如果球形测头已被磨出平面，不应再继续使用<br>③检查稳定性：轻轻拨动几次测头，松开后指针均应回到原位<br>④沿测杆安装轴的轴线方向拨动测杆，测杆无明显晃动，指针位移应不大于0.5个分度值<br>（2）测量时<br>①将表固定在表座或表架上，稳定可靠<br>②调整测头与测量面在水平状态，在特殊情况下，倾斜也应该在25°以下<br>③调整百分表到零位<br>④用手轻轻抬起测杆，将工件放入测头下测量<br>⑤测杆紧密接触并平行于被测平面，调零，在测量范围内按测量路线水平均匀移动表座进行测量读数<br>⑥测量过程中保护表不要受到损伤，测量范围不能超出表的量程，减少测杆无效的运动<br>（3）测量后<br>①测量后摘下杠杆式百分表，使表卸除其所有负荷，让测头处于自由状态<br>②成套保存于盒内，避免丢失与混用 |

（续）

| 计量器具 | 实物图 | 使用方法 |
|---|---|---|
| 内径百分表 | 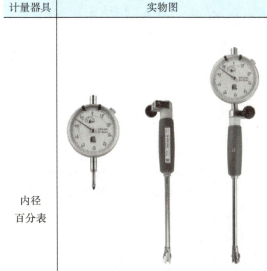 不同尺寸的测头、内量杠杆式测量架和百分表的组合；将测头的直线位移变为指针的角位移，采用比较测量方法测量通孔、盲孔及深孔的直径或形状误差。测头规格有 6~10mm、10~18mm、18~35mm、35~50mm、50~160mm 等。分度值为 0.01mm | （1）测量前<br>①选择游标卡尺和外径千分尺或者合适的校对环规，用棉布把卡尺、千分尺或环规、测头和测量面擦净<br>②检查百分表测杆是否灵活<br>③组装内径量表，把百分表压缩一圈半装到测量架上端，选择合适尺寸的测头装到测量架下端<br>④使用游标卡尺初测组装好的测头尺寸，使用外径千分尺或者环规精测测头尺寸，达到需要测量的孔的公称尺寸后，调整百分表盘到零位<br>（2）测量时<br>①手握隔热手柄，把测头放入被测孔内，小幅度左右摆动表架，找出表的最小读数值，即为被测孔径与孔径公称尺寸之间的差值<br>②读数方法：指针从零位顺时针方向旋转时，也即被测孔径小于公称尺寸，读数为负值；指针从零位逆时针方向旋转时，也即被测孔径大于公称尺寸，读数为正值。采用公称尺寸加上表盘读数即得被测孔径实际尺寸<br>③在孔内同一径向截面内的不同位置上测量几次可得测出孔的圆度；在几个径向平面内测量几次可测出孔的圆柱度<br>（3）测量后<br>摘下百分表，使表卸除其所有负荷，让百分表测头处于自由状态，防止变形。卸下测头，防止撞坏，成套存放于盒内，避免丢失与混用 |

## 3.4.2 几何误差的常规检测项目和方法

几何误差的常规检测项目和检测方法见表 3-23。

表 3-23 几何误差的常规检测项目和检测方法

| 检测项目 | 检测图例 | 检测方法 |
|---|---|---|
| 直线度 | | 将直尺平行地放于测定面，用塞尺测定直尺与被测定物的空隙<br>（1）测定面凹时，与直线度相等数值厚度的塞尺不能插入中央的空隙<br>（2）测定面凸时，在两端放置与直线度相等数值厚度的塞尺，塞尺的厚度即为直线度误差 |

(续)

| 检测项目 | 检测图例 | 检测方法 |
|---|---|---|
| 直线度 | 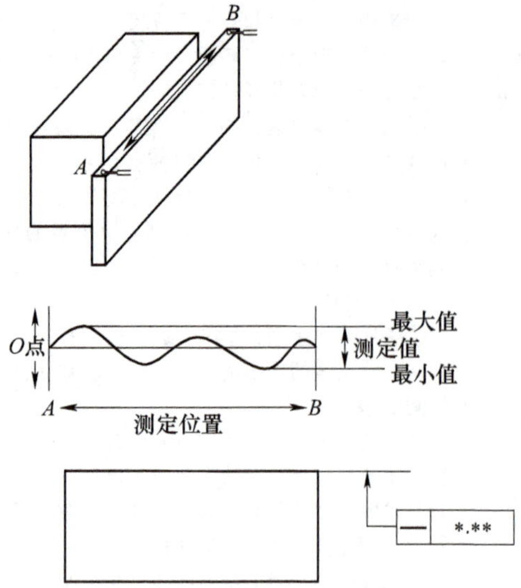  | 将杠杆式百分表置于测定面,在A点调零,测至B点,最大读数与最小读数之差即为直线度误差,测定值=最大值-最小值 |
| | 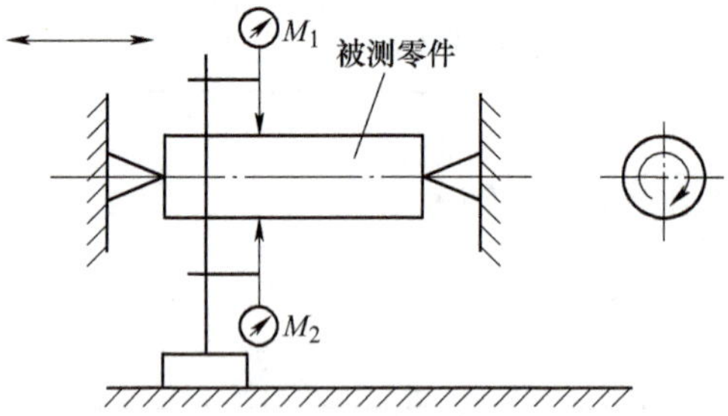 | 将被测零件安装于平行于平板的两顶尖之间,用带有两个指示表的表架沿垂轴截面的两条素线测量,同时分别记录两指示表在各自测点的读数$M_1$和$M_2$,取各测点读数差一半中的最大值作为该截面轴线的直线度误差。将零件转位,按上述方法测量若干个截面,取其中最大的误差作为被测零件轴线直线度误差 |
| 平面度 | 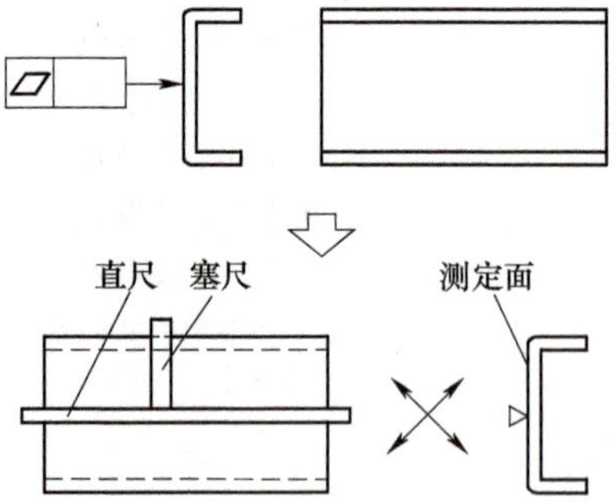  | 直尺法<br>测量方法:测量时,选取一把较长的直尺,将它放置在待测平面上,然后用手或工具按压直尺两端,使直尺与平面接触。观察直尺与平面之间的缝隙,根据缝隙的大小判断平面的平整程度。直尺法的优点是简单易行,不需要复杂的仪器设备,但由于操作的主观性较强,所以精度相对较低,适用于一些对精度要求不高的场合 |

（续）

| 检测项目 | 检测图例 | 检测方法 |
|---|---|---|
| 平面度 | 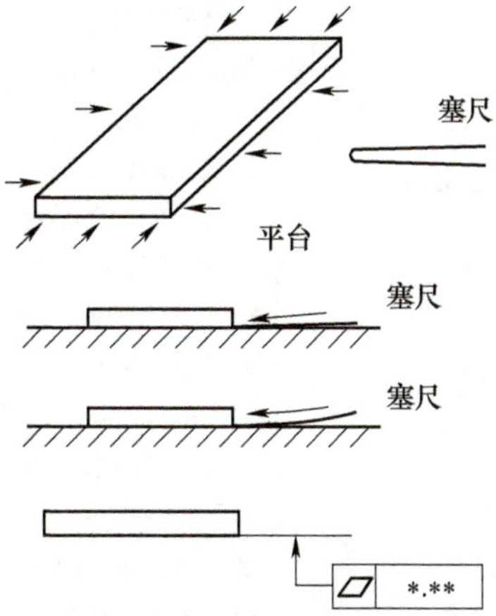 | 用平台测定平面度<br>测量方法：将被测零件平放于平台，用塞尺测量被测零件与平台之间的间隙。塞尺与平台要保持水平状态进行测量，刚能通过的塞尺最小尺寸即为平面度误差 |
| | 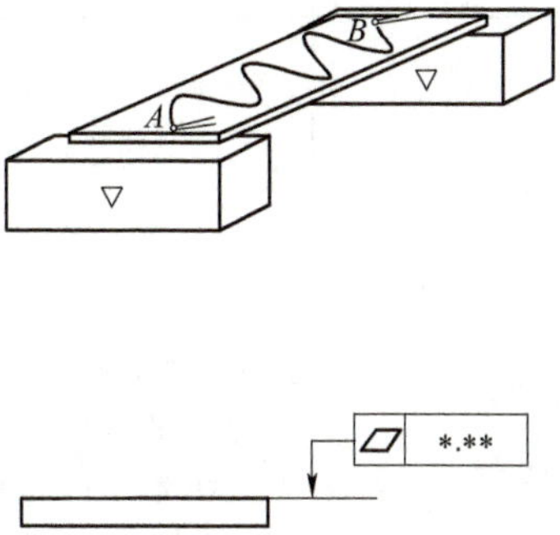 | 用百分式表测定平面度<br>将杠杆式百分表置于测定面，在 $A$ 点调零，测量至 $B$ 点。测定值 = 最大值 − 最小值 |
| 圆度 | 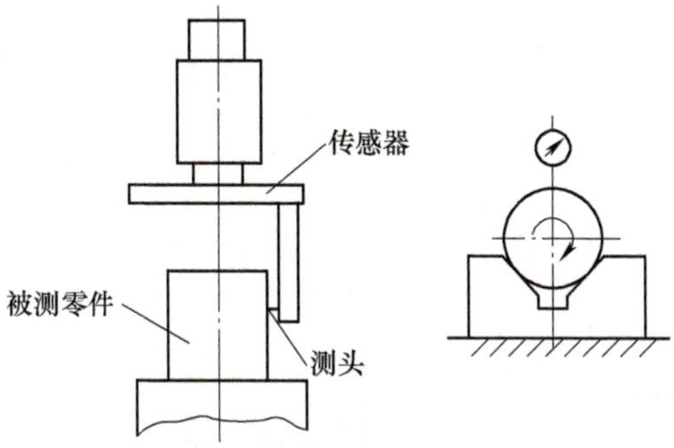 | 圆度仪测量<br>圆度仪上回转轴带着传感器转动，使传感器上测量头沿被测表面回转一圈，测量头的径向位移由传感器转换成电信号，经放大器放大，推动记录笔在圆盘纸上画出相应的位移，得到所测截面的轮廓图，由精密回转轴的回转轨迹模拟理想圆，与实际圆进行比较。将测得的轮廓圆与等距同心圆（模拟的理想圆）相比较，找到紧包容轮廓圆，而半径差又为最小的两同心圆，其间距就是被测圆的圆度误差 |
| | 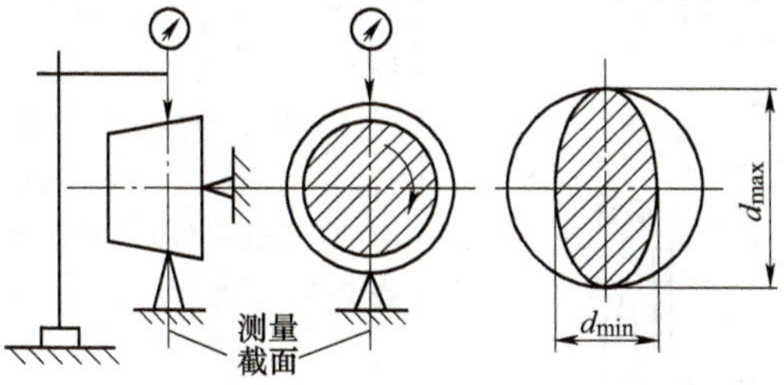 a) 测量方法　　b) 误差 | 两点法测量<br>将被测零件放在支承上，用指示表来测量实际圆的各点对固定点的变化量。被测零件轴线应垂直于测量截面，同时固定轴向位置。在被测零件旋转一周的过程中，指示表读数的最大差值的一半作为单个截面的圆度误差。按上述方法测量若干个截面，其中最大的误差值为该零件的圆度误差 |

(续)

| 检测项目 | 检测图例 | 检测方法 |
|---|---|---|
| 圆柱度 | 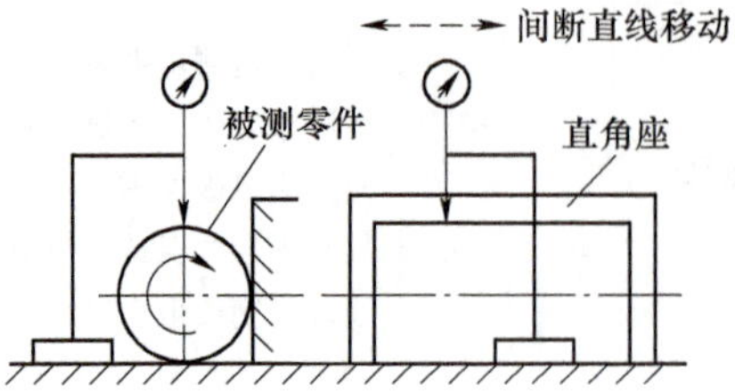 | 圆柱度误差的检测方法与圆度误差的检测方法基本相同，所不同的是应该在测头无径向偏移的情况下，测量若干个截面，以确定圆柱度误差<br>（1）三坐标测量机测量<br>如左图，采用近似测量方法，被测零件放在V形铁或直角座上测量，测头在外圆最高素线上平行于轴线移动，测量得到的最大值与最小值的差值即为圆柱度误差<br>（2）圆度仪测量<br>可在对中后通过测量工件足够多截面的圆度误差来进行；也可在转台旋转的同时，上下连续移动测头来进行测量 |
| 平行度 | 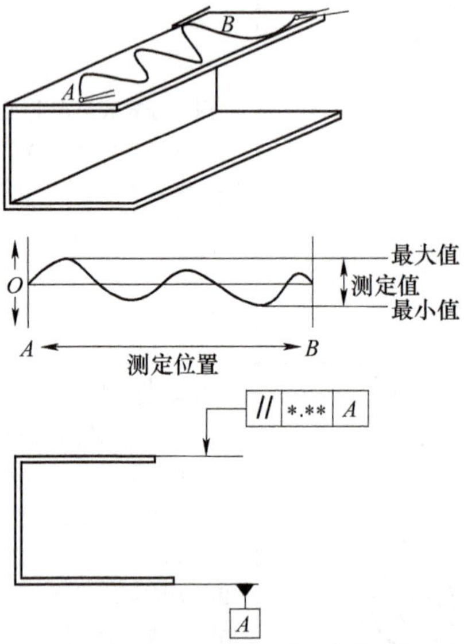 | 面与面的平行度<br>在平台上用V形块全面保持基准平面，用杠杆式百分表测量被测面的全表面，在 $A$ 点调零，测量到 $B$ 点，测定值=最大值-最小值 |
| | 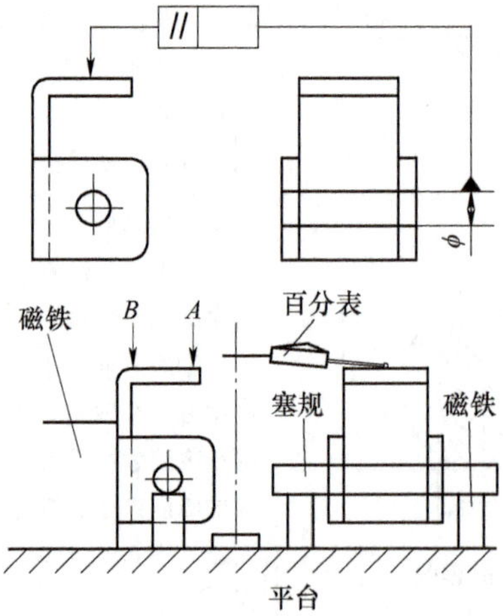 | 线与面的平行度<br>（1）将适合的塞规插入两个基准孔内<br>（2）将塞规的两端用平行块（或磁铁）支撑<br>（3）将被测的指定面调校至与平台平行，在 $A$ 点调零，测量到 $B$ 点<br>（4）测定指定面，将读数的最大差（最高点减去最低点）作为平行度 |

(续)

| 检测项目 | 检测图例 | 检测方法 |
|---|---|---|
| 平行度 | | 面与线的平行度<br>在平台上,使用磁铁支撑基准面整体,测定两个孔到基准面的尺寸,将该尺寸差作为平行度 |
| | | 线与线的平行度<br>(1)将适合的塞规插入两个基准孔内<br>(2)用平行块(或磁铁)将塞规两端固定<br>(3)依照图在0°的位置求出 $\phi B$ 与 $\phi C$ 的中心偏移($X$),并求出在90°回转位置上的中心偏移($Y$)<br>(4)将求出值用平方和计算,所得值即平行度 |
| 垂直度 | | 面与面的垂直度<br>(1)将基准面用磁铁与平台平行地支撑<br>(2)将百分表从弯曲根部起移动至前端止,将读数的最大差作为垂直度 |

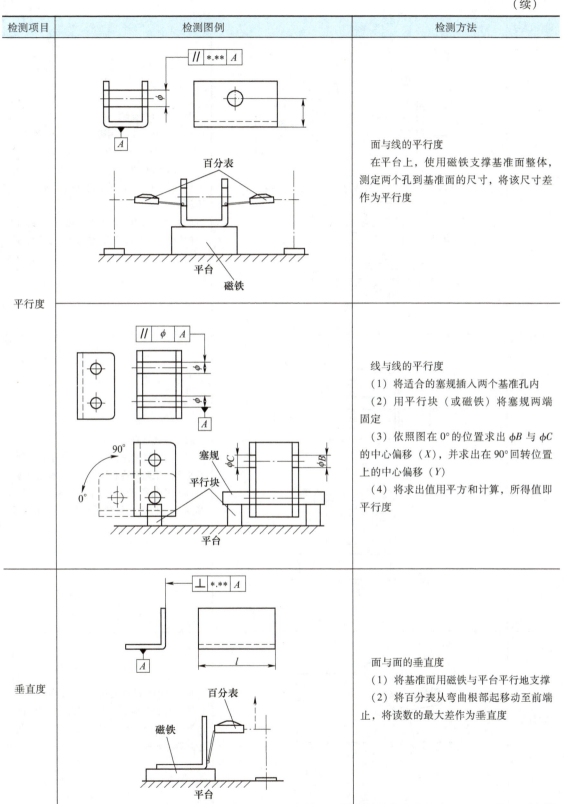

（续）

| 检测项目 | 检测图例 | 检测方法 |
|---|---|---|
| 垂直度 | 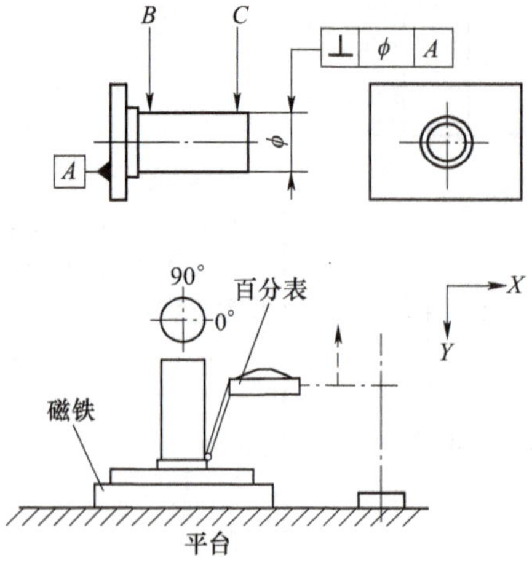  | 面与线的垂直度<br>（1）在平台上，用磁铁如图支撑测量物<br>（2）将百分表接触测量物，在 B 点调零，测量到 C 点<br>（3）将百分表在指示范围内所有地方上下移动<br>（4）测定在 0°与 90°两处进行。将各读数的最大差用 X、Y 平方和计算，所得值即垂直度 |
| | 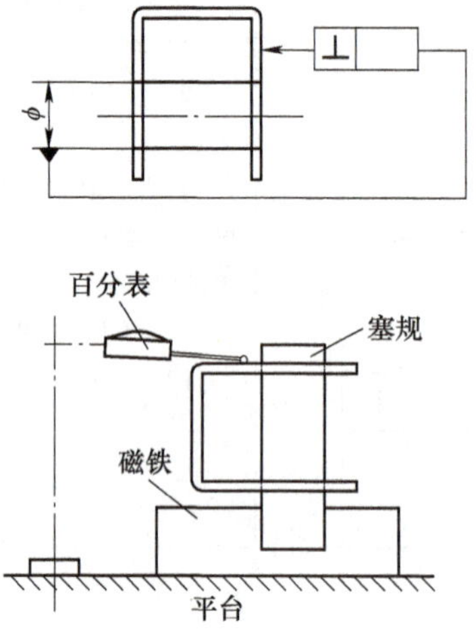 | 线与面的垂直度<br>（1）在两个基准孔内插入适合的塞规，在平台上用磁铁将塞规与平台呈直角支撑<br>（2）将测量面的所有地方用百分表（或高度规）测定，将读数的最大差作为垂直度 |
| 倾斜度 | 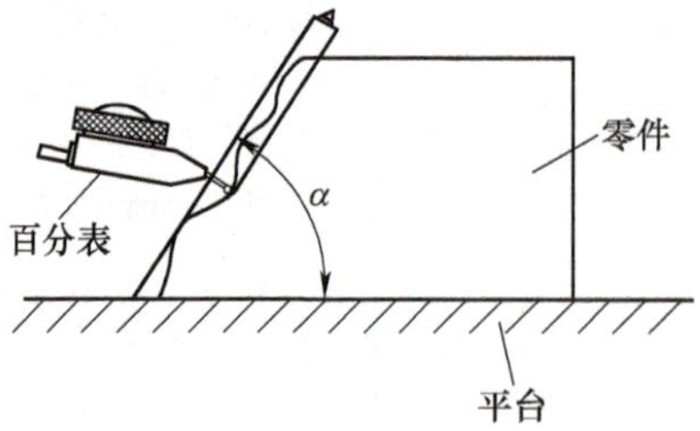 | 将零件的基准面放在平台上，用百分表在被测量面上移动测量，当百分表上指示的最大与最小读数之差为最小时，此差值为倾斜度误差 |

(续)

| 检测项目 | 检测图例 | 检测方法 |
|---|---|---|
| 同轴度 |  | **指定基准**<br>以零件上给定的一个圆柱面的轴线为基准，如图中 B 对 A，以 A 孔轴线为基准，测量 B 孔对 A 孔的同轴度<br>必须在水平和垂直两方向分别进行测量<br><br>**公共轴线为基准**<br>零件上有 A、B 两孔，测量同轴度误差时，不以 A 孔为基准，也不以 B 孔为基准，而以 A、B 两孔的公共轴线为基准<br>测量时，首先将被测零件固定在平台上，分别在 A、B 两孔被测轴线全长进行测量。被测轴线到公共轴线的最大读数差就是同轴度误差 |
| 对称度 | 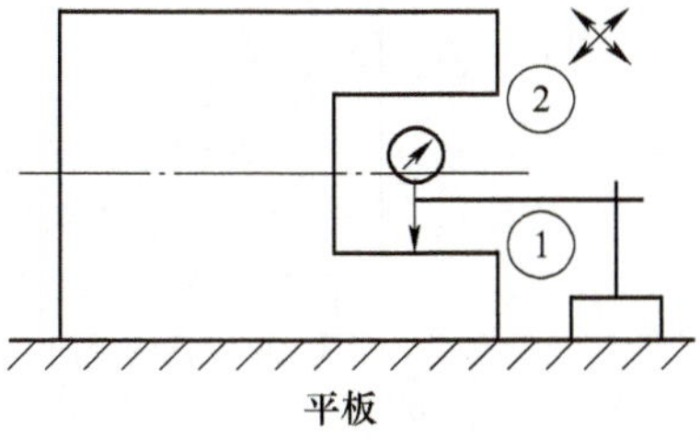  | 先测量被测表面与平板之间的距离，然后将被测件翻转后，测量另一被测表面与平板之间的距离。取测量截面内对应两侧点的最大差值为对称度误差 |

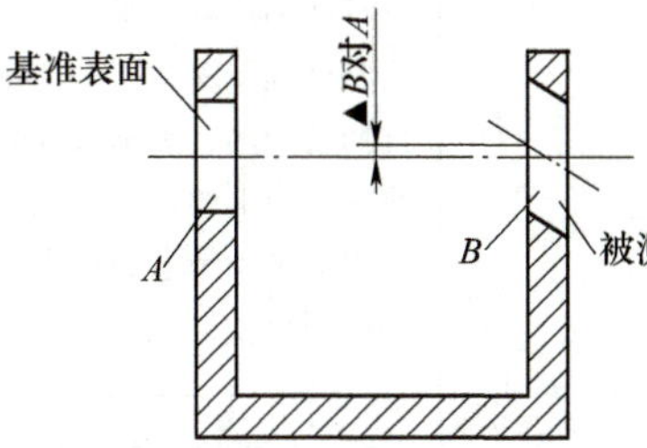

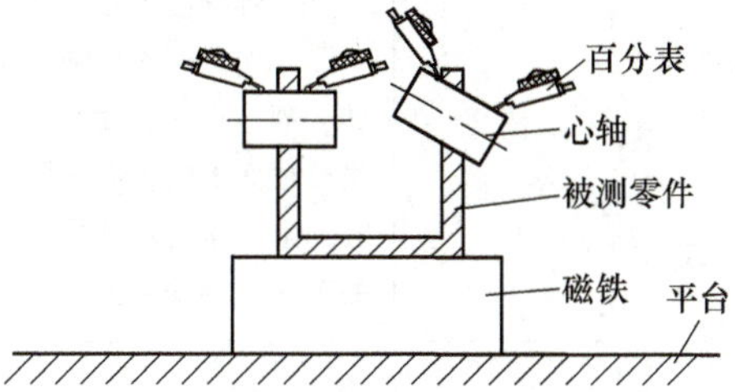

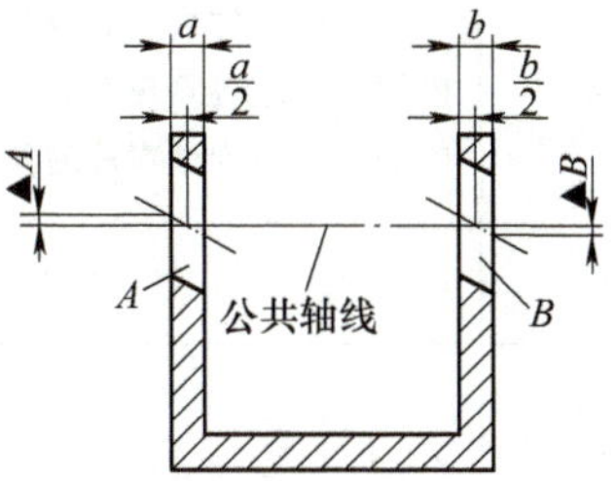

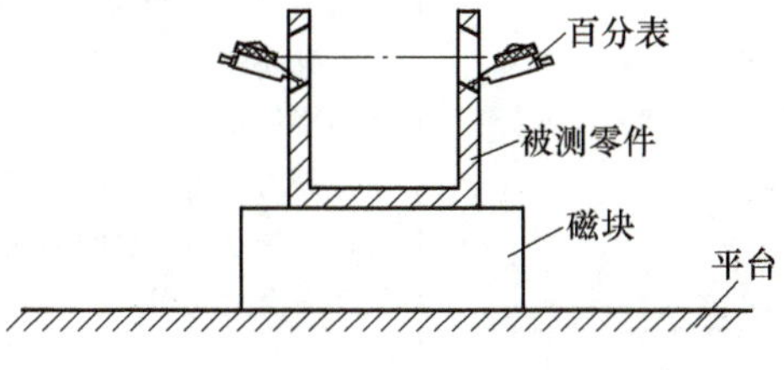

(续)

| 检测项目 | 检测图例 | 检测方法 |
|---|---|---|
| 圆跳动 | 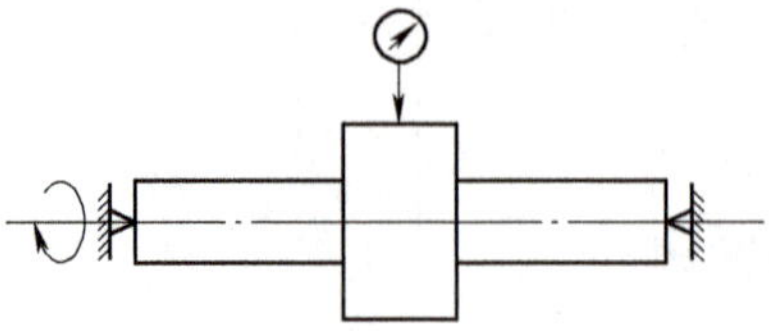 | 径向圆跳动误差<br>基准轴线由两同轴的顶尖模拟，被测零件回转一周，指示表读数最大差值为单个测量平面上的径向跳动，以各个测量平面测得的跳动量中的最大差值作为该零件的径向圆跳动误差 |
| | 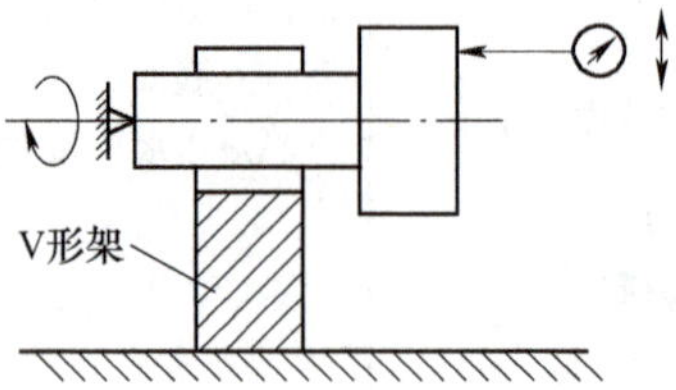 | 轴向圆跳动误差<br>基准轴线由V形架来模拟，被测零件由V形块支承，并在轴向定位。被测零件回转一周，指示表读数的最大差值为单个测量圆柱面上的轴向圆跳动，以各个测量圆柱面上测得的跳动量中的最大值为该零件的轴向圆跳动误差 |
| | 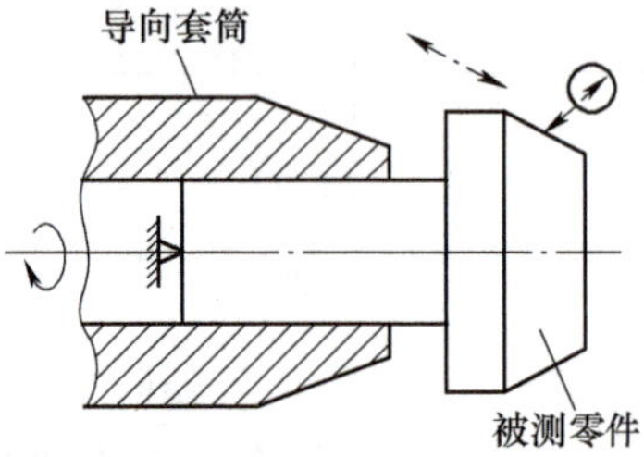 | 斜向圆跳动误差<br>将被测零件固定在导向套筒内，且在轴向固定。取各测量圆锥面上测得的跳动量中的最大值为该零件的斜向圆跳动误差 |
| 全跳动 | 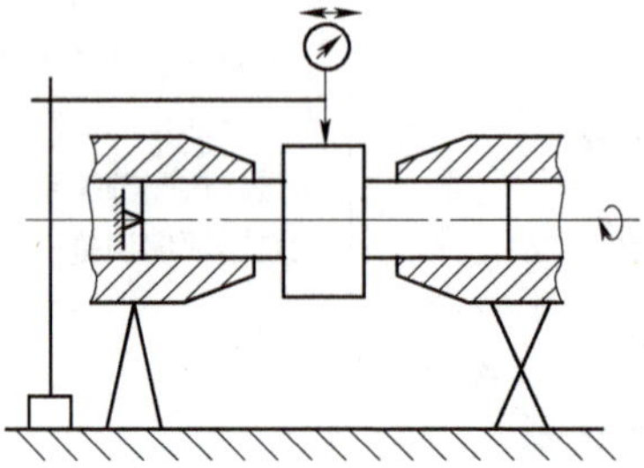 | 径向全跳动误差<br>将被测零件固定在两同轴导向套筒内，同时轴向定位并调整两套筒，使其公共轴线与平板平行。在被测零件连续回转过程中，同时让指示表沿基准轴线方向做直线运动，指示表读数的最大差值即为该零件的径向全跳动误差 |
| | 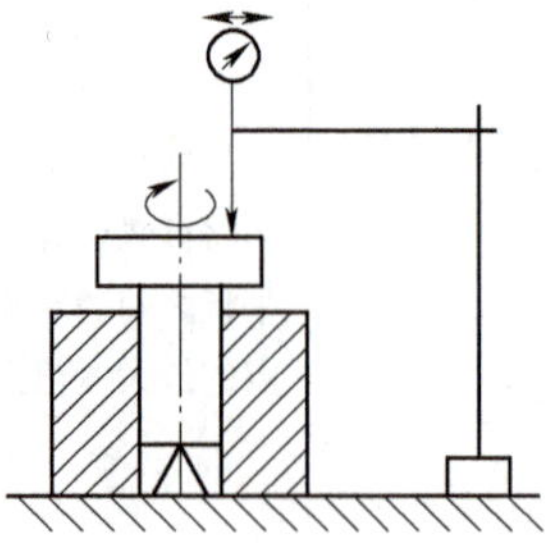 | 轴向全跳动误差<br>将被测零件支承在导向套筒内，并在轴向固定，导向套筒的轴线应与平板垂直。在整个测量过程中指示表读数的最大差值即为该零件的轴向全跳动误差 |

## 任务实施

根据输出轴的技术要求,分析的检测方案见表 3-24。

表 3-24 减速器输出轴检测方案

| 序号 | 检测要素 | 检测方案 | 分析 |
|---|---|---|---|
| 1 | φ55(左)圆柱度 | 采用近似测量法,V 形块支承左右 φ55 轴颈,选用千分表固定在支架上,轴一边旋转,千分表测头一边在轴颈最高素线上平行于轴线移动测量,千分表的最大差值即为圆柱度误差 | 根据圆柱度 0.005mm 选用千分表测量更准确,近似测量打表法测量,同时也方便圆跳动测量 |
| 2 | φ55(左)圆跳动 | V 形块支承模拟 AB 公共轴线,千分表测量径向截面的圆跳动误差 | 圆跳动为径向圆跳动,根据圆跳动 0.025mm 选用千分表,AB 公共轴线沿用两 V 形块 |
| 3 | φ55(右)圆柱度 | 与 φ55(左)圆柱度测量方法一致 | |
| 4 | φ55(右)圆跳动 | 与 φ55(左)圆跳动测量方法一致 | |
| 5 | φ56 圆跳动 | 与 φ55 圆跳动测量方法一致 | 基准与 φ55 圆跳动基准一致,选用同样的支承模拟基准 |
| 6 | φ62 轴肩(左)圆跳动 | 选用千分表,采用轴向圆跳动测量方法测量 | 基准与 φ55 圆跳动基准一致,选用同样的支承模拟基准 |
| 7 | φ62 轴肩(右)圆跳动 | 与 φ62 轴肩(左)圆跳动测量方法一样 | |
| 8 | 14mm 宽的键槽对称度 | V 形块支承 φ45 外圆,模拟对称度基准,选用杠杆式千分表测量键槽侧面对称度 | 基准为 φ45 外圆轴线,采用 V 形块支承 φ45 外圆模拟基准,键槽宽度只有 14mm,只能选择杠杆式千分表测量 |
| 9 | 16mm 宽的键槽对称度 | 与 14mm 键槽测量方法一致,V 形块支承 φ56 外圆模拟对称度基准 | |

## 任务评价

| 序号 | 考核项目 | 考核内容 | 检验规则 | 分值 小组自评(20%) | 分值 小组互评(40%) | 分值 教师评分(40%) |
|---|---|---|---|---|---|---|
| 1 | φ55 | (左)圆柱度 | 11 分/考核点,共 11 分 | | | |
| | | (左)圆跳动 | 11 分/考核点,共 11 分 | | | |
| | | (右)圆柱度 | 11 分/考核点,共 11 分 | | | |
| | | (右)圆跳动 | 11 分/考核点,共 11 分 | | | |
| 2 | φ56 | 圆跳动 | 12 分/考核点,共 12 分 | | | |

(续)

| 序号 | 考核项目 | 考核内容 | 检验规则 | 分值 | | |
|---|---|---|---|---|---|---|
| | | | | 小组自评(20%) | 小组互评(40%) | 教师评分(40%) |
| 3 | φ62 轴肩 | （左）圆跳动 | 11 分/考核点,共 11 分 | | | |
| | | （右）圆跳动 | 11 分/考核点,共 11 分 | | | |
| 4 | 14mm 键槽 | 键槽对称度 | 11 分/考核点,共 11 分 | | | |
| 5 | 16mm 键槽 | 键槽对称度 | 11 分/考核点,共 11 分 | | | |
| | | 总分 | 100 分 | | | |
| | | 合计 | | | | |

 项目小结

几何公差是机械零件的形状、方向、位置和跳动误差的允许变动范围。在零件加工过程中，由于设备精度、加工方法等多种因素，零件的实际要素（如点、线、面）相对于理想要素总会存在误差，所以要限制允许的变动量，包括形状公差、方向公差、位置公差和跳动公差。

本项目通过减速器输出轴的功能和经济性要求分析，综合运用几何公差项目、标注、公差带、公差原则和公差要求的知识点，根据几何公差标准，正确选择几何公差项目、公差等级、数值并正确标注。

本项目通过识读减速器的输出轴的技术要求，根据输出轴的结构特点和几何检测要求，选择合适的计量器具和测量方法，按照检测操作规范，正确检测加工后输出轴的几何误差是否符合要求。

# 项目4

## 减速器的表面粗糙度设计与检测

### 1. 知识目标
1) 掌握表面粗糙度的概念和评定参数。
2) 掌握表面粗糙度的标注。
3) 掌握表面粗糙度的选择。
4) 掌握表面粗糙度的检测。

### 2. 技能目标
1) 能根据零件技术要求标注表面粗糙度。
2) 能根据零件技术要求选择表面粗糙度。
3) 能根据零件表面技术要求检测表面粗糙度。

减速器中的零件表面粗糙度对其使用性能有何影响？根据工况条件，如何选择、标注和检测零件的表面粗糙度？

图 4-1 所示为一级直齿圆柱齿轮减速器的输出轴结构示意图，已知传递的功率 $P=5\mathrm{kW}$，转速 $n_1 = 960\mathrm{r/min}$。稍有冲击。根据使用功能，对输出轴表面粗糙度进行选择和图样标注，根据输出轴的表面质量要求，检测加工后输出轴的表面粗糙度是否符合技术要求。

1) 质量是企业的生命线，随着科学技术的发展和市场竞争的加剧，对零件加工质量的

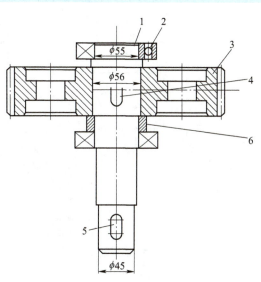

图 4-1 一级直齿圆柱齿轮减速器输出轴结构示意图
1—输出油 2—轴承 3—齿轮
4、5—键 6—轴套

要求也越来越高。表面质量用表面粗糙度来体现，表面粗糙度一般是由所采用的加工方法和其他因素形成的，由于加工方法和工件材料的不同，被加工表面留下痕迹的深浅、疏密、形状和纹理都有差别。表面粗糙度与机械零件的配合性质、耐磨性、疲劳强度、接触刚度、振动和噪声等有密切关系，对机械产品的使用寿命和可靠性有重要影响。

2）通过减速器零件的表面粗糙度设计和检测，可帮助学生在设计过程中树立良好的产品设计责任意识，在检测过程中养成一丝不苟、精益求精的素养，同时通过检测可反馈设计和加工过程中的问题，并及时调整，保证零件加工质量。

3）要完成本项目中减速器输出轴的表面粗糙度设计，要从输出轴的表面粗糙度评定参数、表面粗糙度评定参数值方面来设计，综合考虑输出轴的使用功能要求、表面加工工艺和经济性。

要完成表面粗糙度检测，应该了解表面粗糙度检测的计量器具的使用方法和使用场合。而测量本身也存在误差，为了消除测量的误差，需要掌握测量数据分析和处理的方法。

## 任务4.1 表面粗糙度的认知

### 任务描述

请将减速器轴的表面粗糙度技术要求标注在图4-2所示的轴零件图上。
1）$\phi55k6$ 轴颈的表面粗糙度轮廓算术平均偏差 $Ra$ 为 $0.8\mu m$。
2）$\phi45m6$ 与 $\phi55k6$ 的表面粗糙度轮廓算术平均偏差 $Ra$ 为 $0.8\mu m$。
3）$\phi62$ 左右轴肩的表面粗糙度轮廓算术平均偏差 $Ra$ 为 $3.2\mu m$。

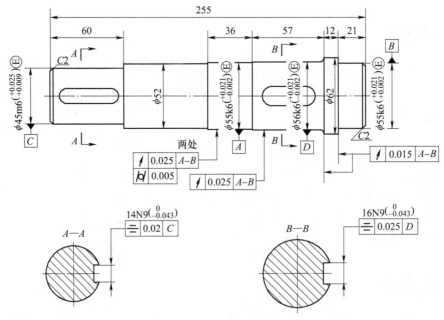

图4-2 减速器轴零件图

4) 14N9 和 16N9 的键槽侧面表面粗糙度轮廓算术平均偏差 $Ra$ 为 3.2μm。

5) 其余表面的表面粗糙度轮廓算术平均偏差 $Ra$ 为 6.3μm。

## 任务分析

表面粗糙度是表面层的几何形状特征，了解表面粗糙度概念和所有表面粗糙度评定参数区别，有助于正确标注表面粗糙度，帮助技术人员正确加工零件。

根据零件表面技术要求，确定表面粗糙度参数，按照国家标准中的表面结构表示法，选择标注位置和方向，在图样上正确标注。

## 相关知识

在测量和评定表面结构时，首先要确定表面轮廓。表面轮廓指的是平面与实际表面相交所得的轮廓，根据相交的方向不同，可分为横向表面轮廓和纵向表面轮廓，通常指横向表面轮廓，即与纹理方向垂直的轮廓，如图 4-3 所示。

### 4.1.1 表面粗糙度的概念

表面粗糙度是指加工表面具有的较小间距和微小峰谷所组成的微观几何形状特征，如图 4-4 所示。由于波距小，肉眼难以区分，因此属于微观几何形状误差。表面粗糙度值越小，零件表面越光滑。

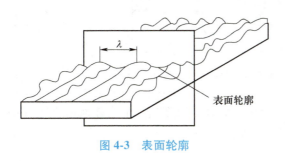

图 4-3  表面轮廓

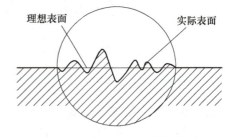

图 4-4  表面粗糙度放大情况

### 4.1.2 表面粗糙度的评定

**1. 表面粗糙度的基本术语**

1) 取样长度 $lr$。取样长度是测量和评定表面粗糙度特征所规定的一段基准线长度，如图 4-5 所示。规定和选择取样长度是为了限制和降低表面波纹度对表面粗糙度测量结果的影响。为了在测量范围内较好地反映表面粗糙度的实际情况，标准规定取样长度按表面粗糙度的程度选取相应的数值，在一个取样长度内一般至少包括 5 个峰值和 5 个谷值。

2) 评定长度 $ln$。评定长度是用于评定表面粗糙度所必需的一个或几个取样长度，如图 4-5 所示。由于零件表面各部分的表面粗糙度不一定很均匀，在一个取样长度上往往不能合理地反映被测表面的表面粗糙度特征，故需在表面上取几个取样长度分别测量，取其平均值作为测量结果。标准评定长度 $ln = 5lr$。若被测表面加工均匀性好，如车、铣、刨等加工表面，取 $ln < 5lr$；若被测表面加工均匀性较差，如磨、研磨的表面，取 $ln > 5lr$。

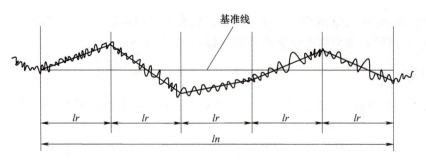

图 4-5 取样长度和评定长度

**2. 表面粗糙度主要评定参数**

国家标准 GB/T 3505—2009 规定的评定表面粗糙度的参数有幅度参数、间距参数、混合参数及曲线和相关参数，下面介绍几种主要评定参数。

1) 幅度参数。

① 轮廓算术平均偏差 $Ra$。轮廓算术平均偏差是指在一个取样长度内，被评定轮廓上各点至中线的纵坐标值 $y(x)$ 绝对值的算术平均值，如图 4-6 所示。

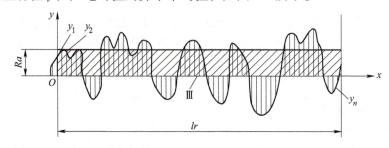

图 4-6 轮廓算术平均偏差

② 轮廓的最大高度 $Rz$。轮廓的最大高度是指在一个取样长度内，最大轮廓峰高 $Rp$ 和最大轮廓谷深 $Rv$ 之和的高度，$Rz = Rp + Rv$，如图 4-7 所示。

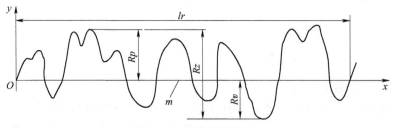

图 4-7 轮廓最大高度

2) 间距参数。轮廓单元的平均宽度 $Rsm$ 是指在一个取样长度内轮廓单元宽度 $Xs$ 的平均值，$Rsm = \dfrac{1}{m}\sum\limits_{i=1}^{n} Xs_i$，如图 4-8 所示。

轮廓单元的平均宽度大小反映了轮

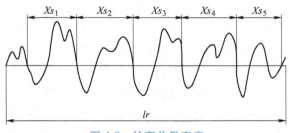

图 4-8 轮廓单元宽度

廓表面峰谷的疏密程度。$Rsm$ 越小，峰谷越密，密封性越好。

3）曲线和相关参数。轮廓的支承长度率 $Rmr(c)$ 是指在给定水平截面高度 $c$ 上轮廓的实体材料长度与评定长度的比率，$Rmr(c) = \dfrac{Ml(c)}{ln}$，如图 4-9 所示。

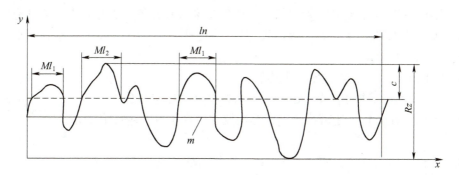

图 4-9　轮廓的支承长度率

轮廓的实体材料长度 $Ml(c)$ 与轮廓的水平截距 $c$ 有关。$Rmr(c)$ 的大小反映了轮廓峰谷的形状，其值越大，表面实体材料越长，接触刚度和耐磨性越好。

### 4.1.3　表面结构符号的认识

国家标准《产品几何技术规范（GPS）　技术产品文件中表面结构的表示法》（GB/T 131—2006）对表面粗糙度代号及其标注做了规定。表面粗糙度的符号及意义见表 4-1。

表 4-1　表面结构的符号及意义

| 符号 | 意义及说明 |
| --- | --- |
| ∨ | 基本图形符号，对表面结构有要求的符号。未指定工艺方法的表面，表示表面可用任何方法获得。当不加注表面粗糙度参数值或有关说明（例如表面处理、局部热处理状况等）时，仅适用于简化代号标注 |
| ∀ | 扩展图形符号，表示是用去除材料方法获得的表面。例如车、铣、钻、磨、剪切、抛光、腐蚀、电火花加工、气割等。仅当它是被加工表面时单独使用 |
| ∜ | 扩展图形符号，表示是用不去除材料方法获得的表面。例如铸、锻、冲压变形、热轧、粉末冶金等。也可用于表示保持原供应状况的表面（包括保持上道工序的状况） |
| ▽ ▼ ⩔ | 在上述三个符号的长边上均可加一横线，用于标注有关参数和说明。此符号为完整图形符号 |
| ▽ ▼ ⩔ | 上述三个符号上均可加一小圆，表示所有表面具有相同的表面粗糙度要求 |

### 4.1.4 表面粗糙度的标注

**1. 表面结构完整图形符号的组成**

表面结构要求尽可能注在相应的尺寸及其公差的同一视图上。

为了明确表面结构的要求，除了标注表面结构参数和数值，必要时应标注补充要求，包括传输带、取样长度、加工工艺、表面纹理及方向、加工余量等。这些要求在图形符号中的注写位置如图4-10所示。

图4-10中位置 $a$~$e$ 分别注定以下内容：

位置 $a$：注写表面结构的单一要求（表面粗糙度的评定参数）。

位置 $a$ 和 $b$：在位置 $a$ 注写第一表面结构要求，在位置 $b$ 注写第二表面结构要求。

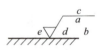

图4-10 表面粗糙度完整符号

位置 $c$：注写加工方法，如"车""磨""镀"等。

位置 $d$：注写表面纹理和方向，如"＝""×""M"。

位置 $e$：注写加工余量。

**2. 表面粗糙度在图样上的标注**

表面粗糙度在图样上的标注要遵循下述原则。同一图样上，每个表面一般只标注一次表面粗糙度的符号、代号，并应注在可见轮廓线、尺寸界线、引出线或它们的延长线上。数字的大小和方向必须与图中尺寸数字的大小和方向一致。符号的尖端必须从材料外部指向零件表面。除非另有说明，所标注的表面粗糙度是对完工零件的要求。具体表面粗糙度在图样中的注法见表4-2，表面结构要求在图样中的简化注法见表4-3。

表 4-2 表面粗糙度在图样中的注法

| 图 例 | 说 明 |
|---|---|
| 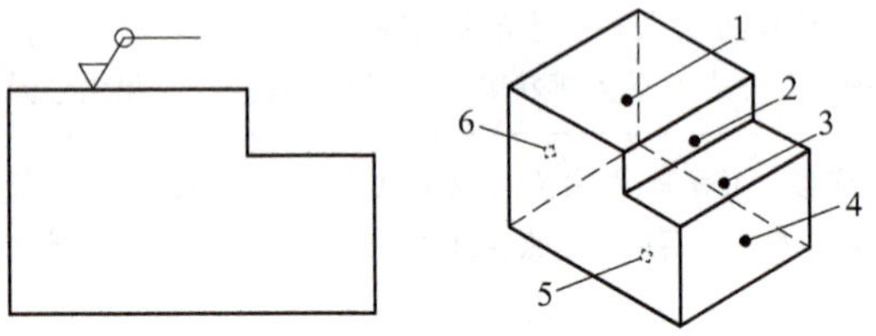  | 当在图样某个视图上构成封闭轮廓的各表面有相同的表面结构要求时，在完整图形符号上加一圆圈，标注在图样中工件的封闭轮廓线上 |
| 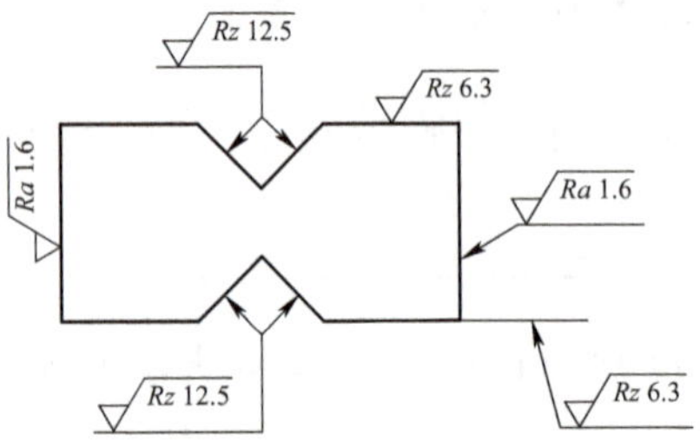  | 表面结构的注写和读取方向与尺寸的注写和读取方向一致。表面结构要求可标注在轮廓线上，其符号应从材料外指向并接触表面 |

(续)

| 图 例 | 说 明 |
|---|---|
| 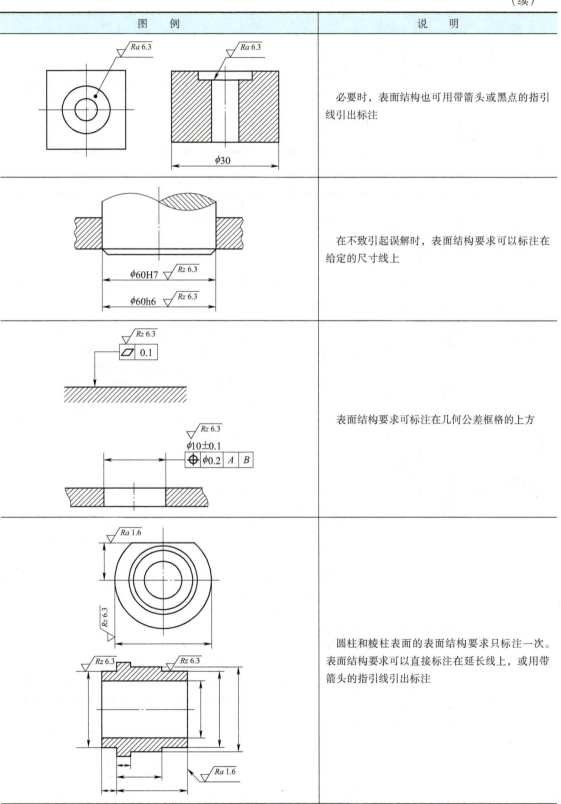 | 必要时，表面结构也可用带箭头或黑点的指引线引出标注 |
| | 在不致引起误解时，表面结构要求可以标注在给定的尺寸线上 |
| | 表面结构要求可标注在几何公差框格的上方 |
| | 圆柱和棱柱表面的表面结构要求只标注一次。表面结构要求可以直接标注在延长线上，或用带箭头的指引线引出标注 |

（续）

| 图 例 | 说 明 |
|---|---|
| 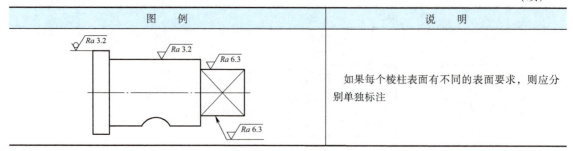 | 如果每个棱柱表面有不同的表面要求，则应分别单独标注 |

**表 4-3　有相同表面结构要求的简化注法**

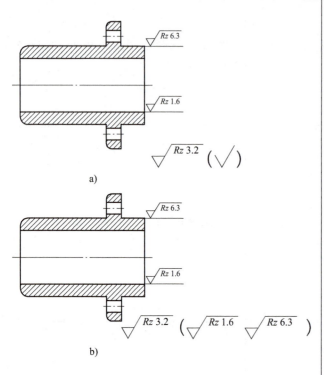

不同的表面结构要求应直接标注在图形中

如果在工件的多数（包括全部）表面有相同的表面结构要求时，则其表面结构要求可统一标注在图样的标题栏附近。此时，表面结构要求的符号后面应有：在圆括号内给出无任何其他标注的基本符号（图 a）；在圆括号内给出不同的表面结构要求（图 b）

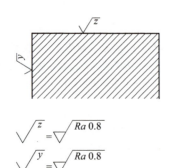

多个表面有共同要求的注法

用带字母的完整符号，以等式的形式，在图形或标题栏附近，对有相同表面结构要求的表面进行简化标注

（续）

| | |
|---|---|
| 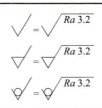 | 只用表面结构符号的简化注法<br>用表面结构符号，以等式的形式给出对多个表面共同的表面结构要求 |
| 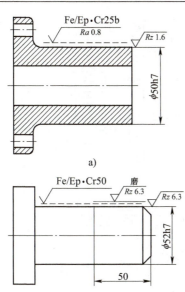 | 两种或多种工艺获得的同一表面的注法<br>　由几种不同的工艺方法获得的同一表面，当需要明确每种工艺方法的表面结构要求时，可按图 a 所示进行标注（图中 Fe 表示基体材料为钢，Ep 表示加工工艺为电镀）<br>　图 b 所示为三个连续的加工工序的表面结构、尺寸和表面处理的标注。第一道工序：单向上限值，$Rz=1.6\mu m$，"16%规则"（默认），默认评定长度，默认传输带，表面纹理没有要求，去除材料的工艺；第二道工序：镀铬，无其他表面结构要求；第三道工序：一个单向上极限值，仅对长为 50mm 的圆柱表面有效，$Rz=6.3\mu m$，"16%规则"（默认），默认评定长度，默认传输带，表面纹理没有要求，磨削加工工艺 |

## 任务实施

表面粗糙度和几何公差区别：机械加工的零件表面，表面存在表面粗糙度、表面波纹度、表面宏观几何形状误差、表面缺陷等表面特性，通常以波距 $\lambda$ 的大小来区分。波距是两波峰或两波谷之间的距离。对于一般的机械零件，波距 $\lambda$ 大于 10mm 的属于表面宏观几何形状误差，波距在 1~10mm 属于表面波纹度，波距小于 1mm 的属于表面粗糙度。表面粗糙度是微观几何形状误差。

表面粗糙度的参数：高度参数 $Ra$、$Rz$，间距参数 $Rsm$，相关参数 $Rmr(c)$。$Ra$ 测量时取的测点数理论上无穷多，在表面微观几何特征方面的代表性好，能客观、全面地反映表面微观几何质量，所以设计中被广泛使用。$Ra$、$Rz$ 值越大，表面越粗糙。$Rz$ 因测量时取的测点数少，不能充分反映表面状况，所以设计中只有在微小局部结构的表面采用，或对重要零件表面与 $Ra$ 配合使用。

减速器轴的表面粗糙度标注图如图 4-11 所示。

1）$\phi 55k6$ 轴颈的表面粗糙度轮廓算术平均偏差 $Ra$ 为 $0.8\mu m$，标注在轴颈素线轮廓线上。

2）$\phi 45m6$ 与 $\phi 55k6$ 轴段的表面粗糙度轮廓算术平均偏差 $Ra$ 为 $0.8\mu m$，标注在两段轴外圆素线轮廓线上。

3) φ62 左右轴肩的表面粗糙度轮廓算术平均偏差 Ra 为 3.2μm，标注在轴肩轮廓延长线上。

4) 14N9 和 16N9 的键槽侧面表面粗糙度轮廓算术平均偏差 Ra 为 3.2μm，标注在公差框格引线上。

5) 其余表面的表面粗糙度轮廓算术平均偏差 Ra 为 6.3μm，标注在图右下端或其他角落位置。

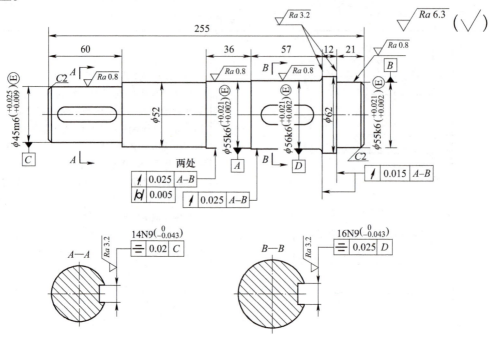

图 4-11 减速器轴表面粗糙度标注图

## 任务评价

| 序号 | 考核项目 | 考核内容 | 检验规则 | 小组自评(20%) | 小组互评(40%) | 教师评分(40%) |
|---|---|---|---|---|---|---|
| | | | | 分值 | | |
| 1 | φ55k6 轴颈 | 标注位置、标注方向、表面粗糙度值 | 4分/考核点，共24分 | | | |
| 2 | φ45m6 轴段 | 标注位置、标注方向、表面粗糙度值 | 4分/考核点，共12分 | | | |
| 3 | φ55k6 轴段 | 标注位置、标注方向、表面粗糙度值 | 4分/考核点，共12分 | | | |
| 4 | φ62 左右轴肩 | 标注位置、标注方向、表面粗糙度参数值 | 4分/考核点，共16分 | | | |
| 5 | 14N9 键槽侧面 | 标注位置、标注方向、表面粗糙度参数值 | 4分/考核点，共12分 | | | |
| 6 | 16N9 键槽侧面 | 标注位置、标注方向、表面粗糙度值 | 4分/考核点，共12分 | | | |

(续)

| 序号 | 考核项目 | 考核内容 | 检验规则 | 分值 | | |
|---|---|---|---|---|---|---|
| | | | | 小组自评(20%) | 小组互评(40%) | 教师评分(40%) |
| 7 | 其余表面 | 标注位置、标注方向、表面粗糙度值 | 4分/考核点,共12分 | | | |
| | 总分 | | 100分 | | | |
| | 合计 | | | | | |

## 任务 4.2　减速器输出轴的表面粗糙度设计

### 任务描述

如图 4-12 所示的输出轴零件图,为图 4-1 的一级直齿圆柱齿轮减速器输出轴,已知传递的功率 $P=5\text{kW}$,转速 $n_1=960\text{r/min}$,稍有冲击,根据使用功能,对输出轴表面粗糙度进行选择和图样标注。

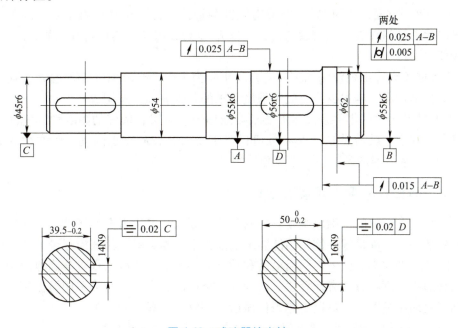

图 4-12　减速器输出轴

### 任务分析

为保证轴颈 $\phi 55\text{k6mm}$ 的回转精度和耐磨性,需要采用粗车+半精车+精车+热处理+磨削加工方法,安装齿轮的 $\phi 56\text{r6mm}$ 和联轴器的 $\phi 45\text{r6mm}$ 外圆需要采用粗车+半精车+精车来实现加工精度,两个键槽需要采用键槽立铣加工完成,其他表面采用粗车+半精车加工方法,表面粗糙度评定参数选用常用加工的算术平均值 $Ra$，表面粗糙度值按照加工精度和加工方法来综合选择。

### 相关知识

#### 4.2.1 表面粗糙度评定参数的选择

在机械零件精度设计中，通常只给出幅度参数 $Ra$ 或 $Rz$ 及其允许值。评定参数从不同角度反映了零件的表面特征，但都存在着不同程度的不完整性。选择时首先应考虑零件表面的设计功能要求，同时也要考虑测量条件等因素。根据零件的功能要求、材料性能、结构特点及测量条件，可适当选用间距参数或其他评定参数及相应的允许值。

一般说来，表面粗糙度数值小，会提高配合质量，减少磨损，延长零件使用寿命，但零件的加工费用会增加。因此，要正确、合理地选用表面粗糙度数值。在设计零件时，表面粗糙度数值的选择是根据零件在机器中的作用决定的。

1) 在幅度参数中，$Ra$ 参数较全面客观地反映了零件表面粗糙度特征。当 $Ra = 0.025 \sim 6.3\mu m$ 时，优先选用 $Ra$。因为在上述范围内，$Ra$ 的参数值可方便地用轮廓仪测出。

2) 当 $Ra > 6.3\mu m$ 或 $Ra < 0.025\mu m$ 时，零件表面过于粗糙或太光滑，多采用 $Rz$。采用 $Rz$ 作为评定参数的原因是：一方面，$Rz$ 通常用光切显微镜、干涉显微镜测量，其测量范围为 $0.1 \sim 25\mu m$；另一方面，因为 $Ra$ 一般采用触针测量，触针式轮廓仪由于功能的限制，不适用于极光滑表面和粗糙表面或较软的材料。但 $Rz$ 参数反映轮廓表面特征不如 $Ra$ 全面，且测量效率较低。

3) 当表面不允许出现较深加工痕迹，防止应力集中，要求保证零件的疲劳强度和密封性时，对测量部位小、峰谷少或有疲劳强度要求的零件表面，选用 $Rz$。

4) 对有特殊要求的零件表面，如要求喷涂均匀、涂层有较好的附着性和光泽表面，或要求良好的密封性，就需要控制 $Rsm$ 数值；对于要求有较高支承刚度和耐磨性的表面，应规定 $Rmr(c)$ 参数，附加参数一般不单独使用。

#### 4.2.2 表面粗糙度评定参数值的选择

表面粗糙度参数值的选用原则是首先满足功能要求，其次考虑经济性、工艺性及测量仪器等方面的条件。在满足零件使用功能要求的前提下，参数的允许值应尽量大些，以减小加工难度，降低生产成本。由于表面粗糙度和功能的关系复杂，因而很难准确地确定参数允许值。选用表面粗糙度的方法有计算法、试验法、类比法，在选用时多采用类比法。根据类比法初步确定表面粗糙度，再对比工作条件做适当调整。选择原则如下：

1) 在满足零件功能要求的条件下，选用要求较低的表面粗糙度。

2) 同一零件，工作表面比非工作表面的表面粗糙度要求高；尺寸公差小的部位比尺寸公差大的部位要求高。

3) 摩擦表面比非摩擦表面、滚动摩擦表面比滑动摩擦表面的表面粗糙度要求高；相对运动速度高的比相对运动速度低的要求高；单位压力大的摩擦表面比单位压力小的要求高。

4) 承受交变载荷或冲击载荷的表面比同样情况下只受一般载荷的要求高；在受交变载荷零件的容易引起应力集中的沟槽、圆角处，比其他一般表面的表面粗糙度要求高。

5）对间隙配合，配合间隙越小，表面粗糙度数值应越小；对过盈配合，为保证连接的牢固可靠，载荷越大，表面粗糙度要求越高。一般情况下，间隙配合比过盈配合表面粗糙度数值要小。

6）对耐蚀性能、密封性能要求高的表面，表面粗糙度值应小些。对特殊用途的零件，如食品、卫生设备等机械设备上的手柄和门把手，要求防腐或美观及防止伤手等，其表面粗糙度一般要求较高，且与其尺寸公差的大小无关。

7）配合零件表面的表面粗糙度与尺寸公差、几何公差应协调。一般应符合：尺寸公差>几何公差>表面粗糙度。机械加工中，零件同一表面的尺寸公差、表面形状公差之间有一定对应关系。

一般情况下，尺寸公差值越小，表面粗糙度数值应越小；配合性质相同或同一公差等级，小尺寸比大尺寸要求表面粗糙度数值小，轴比孔要求表面粗糙度数值小（特别是 IT8~IT5 的精度），见表 4-4。根据不同的表面微观特性和加工方法选择表面粗糙度应用实例见表 4-5。

表 4-4　轴和孔的表面粗糙度参数推荐值

| 表面特征 | | | $Ra/\mu m$ | |
|---|---|---|---|---|
| 示例 | 公差等级 | 表面 | 公称尺寸/mm | |
| | | | ≤50 | >50~500 |
| 经常装卸零件的配合表面（如交换齿轮、滚刀等） | IT5 | 轴 | ≤0.2 | 0.4 |
| | | 孔 | ≤0.4 | 0.8 |
| | IT6 | 轴 | ≤0.4 | 0.8 |
| | | 孔 | 0.4~0.8 | 0.8~1.6 |
| | IT7 | 轴 | 0.4~0.8 | 0.8~1.6 |
| | | 孔 | 0.8 | 1.6 |
| | IT8 | 轴 | 0.8 | 1.6 |
| | | 孔 | 0.8~1.6 | 1.6~3.2 |

| | | 公差等级 | 表面 | 公称尺寸/mm | | |
|---|---|---|---|---|---|---|
| | | | | ≤50 | >50~120 | >120~500 |
| 过盈配合的配合表面 | 装配按机械压入法 | IT5 | 轴 | 0.1~0.2 | 0.4 | 0.4 |
| | | | 孔 | 0.2~0.4 | 0.8 | 0.8 |
| | | IT6~IT7 | 轴 | 0.4 | 0.8 | 1.6 |
| | | | 孔 | 0.8 | 1.6 | 1.6 |
| | | IT8 | 轴 | 0.8 | 0.8~1.6 | 1.6~3.2 |
| | | | 孔 | 1.6 | 1.6~3.2 | 1.6~3.2 |
| | 装配按热处理法 | | 轴 | 1.6 | | |
| | | | 孔 | 1.6~3.2 | | |

| | 表面 | 径向圆跳动公差/$\mu m$ | | | | | |
|---|---|---|---|---|---|---|---|
| | | 2.5 | 4 | 6 | 10 | 16 | 25 |
| 精密定心用配合的零件表面 | | $Ra/\mu m$ | | | | | |
| | 轴 | 0.05 | 0.1 | 0.1 | 0.2 | 0.4 | 0.8 |
| | 孔 | 0.1 | 0.2 | 0.2 | 0.4 | 0.8 | 1.6 |

(续)

| 表面特征 | | $Ra/\mu m$ | | |
|---|---|---|---|---|
| 滑动轴承的配合表面 | 表面 | 公差等级 | | 液体湿摩擦条件 |
| | | 6~9 | 10~12 | |
| | | $Ra/\mu m$ | | |
| | 轴 | 0.4~0.8 | 0.8~3.2 | 0.1~0.4 |
| | 孔 | 0.8~1.6 | 1.6~3.2 | 0.2~0.8 |

表4-5　不同的表面微观特性和不同的加工方法的表面粗糙度应用实例

| | 表面微观特性 | $Ra/\mu m$ | 加工方法 | 应用实例 |
|---|---|---|---|---|
| 粗糙表面 | 微见刀痕 | ≤12.5 | 粗车、粗刨、粗铣、钻、毛锉、锯断 | 半成品粗加工过的表面，非配合的加工表面，如轴端面、倒角、钻孔、齿轮及带轮侧面、键槽底面、垫圈接触面 |
| 半光表面 | 可见加工痕迹 | ≤6.3 | 车、刨、铣、镗、钻、粗铰 | 轴上不安装轴承、齿轮处的非配合表面，紧固件的自由装配表面，轴和孔的退刀槽 |
| | 微见加工痕迹 | ≤3.2 | 车、刨、铣、镗、磨、拉、粗刮、滚压 | 半精加工面，箱体、支架、盖面、套筒等和其他零件结合而无配合要求的表面，需要发蓝处理的表面等 |
| | 看不清加工痕迹 | ≤1.6 | 车、刨、铣、镗、磨、拉、刮、压、铣齿 | 接近精加工表面，箱体上安装轴承的镗孔表面，齿轮的工作面 |
| 光表面 | 可辨加工痕迹方向 | ≤0.8 | 车、镗、磨、拉、刮、精铰、磨齿、滚压 | 圆柱销、圆锥销，与滚动轴承配合的表面，普通车床导轨面，内外花键定心表面等 |
| | 微辨加工痕迹方向 | ≤0.4 | 精镗、磨、精铰、滚压、刮 | 要求配合性质稳定的配合表面，工作时受交变应力的重要零件，较高精度车床的导轨面 |
| | 不可辨加工痕迹方向 | ≤0.2 | 精磨、磨、研磨、超精加工 | 精密机床主轴锥孔、顶尖圆锥面、发动机曲轴、齿轮轴工作表面，高精度齿轮齿面 |
| 极光表面 | 暗光泽面 | ≤0.1 | 精磨、研磨、普通抛光 | 精密机床主轴颈表面，一般量规工作表面，气缸套内表面，活塞销表面 |
| | 亮光泽面 | ≤0.05 | 超精磨、精抛光、精面磨削 | 精密机床主轴颈表面，滚动轴承的滚珠，高压油泵中柱塞和柱塞套配合的表面 |
| | 镜状光泽表面 | ≤0.025 | | |
| | 镜面 | ≤0.012 | 超精研、精面磨削 | 高精度量仪、量块的工作表面，光学仪器中的金属镜面 |

## 任务实施

根据图4-12所示的减速器输出轴使用功能，采用类比法选择表面粗糙度如下：

1) φ55k6轴颈上安装轴承,其精度直接影响减速器回转精度,加工方法采用磨削,查表4-4得表面粗糙度 Ra 值为 0.8μm。

2) φ45r6 外圆安装联轴器,φ56r6 外圆安装齿轮,加工方法采用精车,查表4-4得表面粗糙度 Ra 值为 1.6μm。

3) φ62 轴肩对齿轮和轴承进行轴向定位,轴肩在精车 φ55k6 和 φ56r6 外圆的同时车削形成,查表4-4得表面粗糙度 Ra 值为 3.2μm。

4) 两键槽侧面通过键槽铣刀铣削完成,查表4-4得表面粗糙度 Ra 值为 3.2μm。

5) 其余表面的表面粗糙度 Ra 值为 6.3μm。

标注的表面粗糙度如图4-13所示。

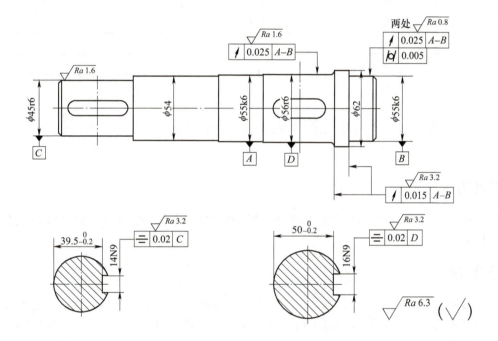

图 4-13 减速器输出轴表面粗糙度标注

## 任务评价

| 序号 | 考核项目 | 考核内容 | 检验规则 | 分值 | | |
|---|---|---|---|---|---|---|
| | | | | 小组自评(20%) | 小组互评(40%) | 教师评分(40%) |
| 1 | 减速器输出轴的表面粗糙度设计 | φ55k6 外圆表面 | 8分/考核点,共8分 | | | |
| | | φ56r6 外圆表面 | 7分/考核点,共7分 | | | |
| | | φ45r6 外圆表面 | 7分/考核点,共7分 | | | |
| | | φ62 外圆两侧面 | 7分/考核点,共7分 | | | |
| | | 14N9 键槽侧面 | 7分/考核点,共7分 | | | |
| | | 16N9 键槽侧面 | 7分/考核点,共7分 | | | |
| | | 其余表面 | 7分/考核点,共7分 | | | |

(续)

| 序号 | 考核项目 | 考核内容 | 检验规则 | 分值 | | |
|---|---|---|---|---|---|---|
| | | | | 小组自评(20%) | 小组互评(40%) | 教师评分(40%) |
| 2 | 减速器输出轴的表面粗糙度标注 | φ55k6 外圆表面 | 8 分/考核点,共 8 分 | | | |
| | | φ56r6 外圆表面 | 7 分/考核点,共 7 分 | | | |
| | | φ45r6 外圆表面 | 7 分/考核点,共 7 分 | | | |
| | | φ62 外圆两侧面 | 7 分/考核点,共 7 分 | | | |
| | | 14N9 键槽侧面 | 7 分/考核点,共 7 分 | | | |
| | | 16N9 键槽侧面 | 7 分/考核点,共 7 分 | | | |
| | | 其余表面 | 7 分/考核点,共 7 分 | | | |
| | 总分 | | 100 分 | | | |
| | 合计 | | | | | |

## 任务 4.3　减速器输出轴的表面粗糙度检测

### 任务描述

如图 4-13 所示的一级直齿圆柱齿轮减速器的输出轴零件,检测加工的输出轴是否符合表面质量要求。

### 任务分析

减速器输出轴的表面质量影响输出轴与滚动轴承的配合性质和表面耐磨性、输出轴与齿轮的传动效率和可靠性,为达到输出轴的互换性要求和装配后的减速器功能要求,需要对轴进行表面粗糙度检测,确保输出轴的表面质量。

### 相关知识

常用的表面粗糙度的检测方法主要有光切法、干涉法、印模法、针描法、比较法等。

#### 1. 光切法

光切法用双管显微镜测量。双管显微镜是应用光切原理测量表面粗糙度的。双管显微镜常用于测量 $Ra$ 或 $Rz$ 值,由于受到分辨率的限制,一般测量范围为 $Rz = 1 \sim 80 \mu m$。双管显微镜不但适用于测量车、铣、刨及其他类似加工方法的金属表面,还可以用于测量木板、纸张、塑料、电镀层等表面的微观平面度。

#### 2. 干涉法

干涉法用干涉显微镜测量,是利用光波干涉原理结合显微系统来测量表面粗糙度的一种方法。常用来测量 $Rz$ 的值,测量范围一般为 $Rz = 0.025 \sim 0.8 \mu m$。干涉显微镜不仅适用于测量高反射率的金属加工表面,也能测量低反射率的玻璃表面,但主要是用于要求表面粗糙度参数值小的表面。

## 项目4 减速器的表面粗糙度设计与检测

### 3. 印模法

利用石蜡、低熔点合金或其他印模材料,压印在被测零件表面,取得被测表面的复印模型,放在显微镜上间接地测量被测表面的表面粗糙度。印模法适用于对笨重零件及内表面,如孔、横梁等不便使用仪器测量的零件表面进行测量。

### 4. 针描法

针描法用表面粗糙度仪进行测量。针描法也称触针法,是利用金刚石触针在被测表面上轻轻划过,从而测出表面粗糙度 $Ra$ 值的一种方法。表面粗糙度就是利用针描测量原理设计的。如图 4-14 所示,针描法测量工具为表面粗糙度仪,测量范围一般为 $Ra=0.025\sim6.3\mu m$。

表面粗糙度仪使用方法:取出仪器,向右推动测头保护门开关,打开传感器保护门,露出传感器测头准备测量;按任意键开机;开机后,按左键将依次选择测量参数 $Ra$、$Rz$。按中键依次选择取样长度 0.25mm、0.8mm、2.5mm 各档;取出随机所带的标准样本对仪器进行示值校准。以标准样本 $Ra=3.35\mu m$ 为例:将仪器置于样板刻度区上,传感器滑行方向垂直于表面纹理方向,按下启动键,开始测量。如测得值为 3.25,进行下一步校准。在非测量状态下,持续按左键超过 2s 进入示值校准状态(以 CAL 符号表示),按左键和中键调整显示数值到样本标示数值 3.35。按启动键退出示值校准状态。校准结束,屏幕显示校准后的 $Ra$ 测量值。待传感器回到起始位置后,可以进行正常测量;根据被测零件选择合适的评定参数和取样长度。将仪器的测量区域指示标记 ▶ | ◀ 对准被测区域,放稳后轻按仪器顶部的启动键,传感器移动,开始测量。屏幕动态显示当前传感器走到第几个取样长度。屏幕闪烁,表示传感器正在返回初始位置。待仪器发出"滴滴"两声后,测量结束。测得值显示在屏幕上。

图 4-14 表面粗糙度仪

### 5. 比较法

比较法用表面粗糙度比较样块测量。将被测表面对照表面粗糙度比较样块,用肉眼或借助于放大镜、比较显微镜直接进行比较,也可以用手触摸,凭感觉来判断被测表面的表面粗糙度。比较法一般只用于评定表面粗糙度值较大的工件,多用于车间。

表面粗糙度比较样块用于判断表面粗糙度级别,如图 4-15 所示,它的表面特征参数为

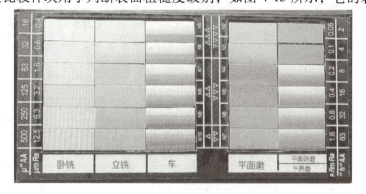

图 4-15 表面粗糙度比较样块

表面轮廓算术平均偏差 $Ra$ 值。除研磨样块采用 GCr15 材料外其余样块采用 45 钢，比较样块在使用时应尽量和被检零件处于同等条件下（包括表面色泽、照明条件等），不得用手直接接触比较样块，严格防锈处理，以防锈蚀，并避免碰划伤。表面粗糙度比较样块规格共分五种，见表 4-6。

表 4-6　表面粗糙度比较样块规格表（GB/T 6060.2—2006）

| 加工方法 | 规格 | $Ra$ 值/μm | 块数 |
| --- | --- | --- | --- |
| 车外圆 | 八组式 | 0.8、1.6、3.2、6.3 | 32 块 |
| 刨 | | 0.8、1.6、3.2、6.3 | |
| 端铣 | | 0.8、1.6、3.2、6.3 | |
| 平铣 | | 0.8、1.6、3.2、6.3 | |
| 平磨 | | 0.1、0.2、0.4、0.8 | |
| 外磨 | | 0.1、0.2、0.4、0.8 | |
| 研磨 | | 0.1、0.05、0.025、0.012 | |
| 镗内孔 | | 0.8、1.6、3.2、6.3 | |
| 车 | 七组式 | 0.8、1.6、3.2、6.3 | 27 块 |
| 刨 | | 0.8、1.6、3.2、6.3 | |
| 立铣 | | 0.8、1.6、3.2、6.3 | |
| 平铣 | | 0.8、1.6、3.2、6.3 | |
| 平磨 | | 0.1、0.2、0.4、0.8 | |
| 外磨 | | 0.1、0.2、0.4、0.8 | |
| 研磨 | | 0.1、0.05、0.025 | |
| 车 | 六组式 | 0.8、1.6、3.2、6.3 | 24 块 |
| 刨 | | 0.8、1.6、3.2、6.3 | |
| 立铣 | | 0.8、1.6、3.2、6.3 | |
| 平铣 | | 0.8、1.6、3.2、6.3 | |
| 平磨 | | 0.1、0.2、0.4、0.8 | |
| 外磨 | | 0.1、0.2、0.4、0.8 | |
| 车 | 笔记本式 | 0.4、0.8、1.6、3.2、6.3、12.5 | 30 块 |
| 立铣 | | 0.4、0.8、1.6、3.2、6.3、12.5 | |
| 平铣 | | 0.4、0.8、1.6、3.2、6.3、12.5 | |
| 平磨 | | 0.05、0.1、0.2、0.4、0.8、1.6 | |
| 外磨 | | 0.2、0.4、0.8、1.6 | |
| 研磨 | | 0.1、0.05 | |
| 喷砂 | 单组式 | 0.8、1.6、3.2、6.3、12.5、25 | 6 块 |
| 抛喷丸 | | 0.2、0.4、0.8、1.6、3.2、6.3、12.5、25、50、100 | 10 块 |
| 抛光 | | 0.8、0.4、0.2、0.1、0.05、0.025、0.012 | 7 块 |

（续）

| 加工方法 | 规格 | Ra 值/μm | 块数 |
|---|---|---|---|
| 铸造钢铁砂型 | 单组式 | 3.2、6.3、12.5、25、50、100、800、1600 | 8 块 |
| 电火花线切割 | 单组式 | 1.6、2.5、3.2、5.0、6.3 | 5 块 |
| 电火花线切割 | 单组式 | 0.63、1.25、2.5、5.0、10 | 5 块 |
| 电火花 | 单组式 | 0.4、0.8、1.6、3.2、6.3、12.5 | 6 块 |

## 任务实施

根据减速器输出轴图样加工出来的轴零件，可以选用表 4-6 中六组式的比较样块，通过目测或放大镜与被测加工件进行比较，判断表面粗糙度是否合格，检测方案见表 4-7。

表 4-7 减速器输出轴检测方案

| 序号 | 检测要素 | 检测方案 | 分析 |
|---|---|---|---|
| 1 | φ45r6、φ56r6 外圆表面粗糙度 | 选用六组式比较样块里的车 Ra1.6μm 进行比对是否合格 | φ45r6、φ56r6 外圆车削加工完成 |
| 2 | φ55k6 外圆的表面粗糙度 | 选用六组式比较样块里的外磨 Ra0.8μm 进行比对是否合格 | φ55k6 外圆车削加工完成 |
| 3 | φ62 的左、右两端面表面粗糙度 | 选用六组式比较样块里的车 Ra3.2μm 进行比对是否合格 | φ62 的左、右两端面车削完成 |
| 4 | 两键槽侧面的表面粗糙度 | 选用六组式比较样块里的立铣 Ra3.2μm 进行比对是否合格 | 两键槽侧面立铣完成 |
| 5 | 其余表面的表面粗糙度 | 选用六组式比较样块里的车 Ra6.3μm 进行比对是否合格 | 其他表面车削完成 |

## 任务评价

| 序号 | 考核项目 | 考核内容 | 检验规则 | 分值 小组自评(20%) | 分值 小组互评(40%) | 分值 教师评分(40%) |
|---|---|---|---|---|---|---|
| 1 | φ55k6 | 外圆表面 | 16 分/考核点，共 16 分 | | | |
| 2 | φ56r6 | 外圆表面 | 14 分/考核点，共 14 分 | | | |
| 3 | φ45r6 | 外圆表面 | 14 分/考核点，共 14 分 | | | |
| 4 | φ62 | 外圆两端面 | 14 分/考核点，共 14 分 | | | |
| 5 | 14N9 | 键槽侧面 | 14 分/考核点，共 14 分 | | | |
| 6 | 16N9 | 键槽侧面 | 14 分/考核点，共 14 分 | | | |
| 7 | | 其余表面 | 14 分/考核点，共 14 分 | | | |
| | 总分 | | 100 分 | | | |
| | 合计 | | | | | |

项目小结

表面粗糙度是指加工表面具有的较小间距和微小峰谷的不平度。其两波峰或两波谷之间的距离（波距）很小（在1mm以下），属于微观几何形状误差。表面粗糙度值越小，则表面越光滑。

本项目通过对减速器输出轴的功能要求和加工工艺分析，综合运用表面粗糙度的评定参数和粗糙度值的知识点，正确选择表面粗糙度，并正确标注。

本项目通过识读减速器输出轴的技术要求，根据输出轴的结构特点和检测要求，选择合适的计量器具和测量方法，按照检测操作规范，正确检测加工后输出轴的表面粗糙度是否符合要求。

# 项目 5

# 减速器典型零件的精度设计与检测

 学习目标

**1. 知识目标**
1) 掌握典型零件（滚动轴承、渐开线圆柱齿轮、键、螺纹和圆锥）的基本知识。
2) 掌握典型零件的公差等级和精度选择。
3) 掌握典型零件的精度检测方法。

**2. 技能目标**
1) 能根据使用要求，对常用零件的精度进行选择。
2) 能根据国家标准，对常用的配合进行公差选择。
3) 能在技术图样上对常用配合进行公差带代号、几何公差和表面粗糙度进行正确标注。

 项目引入

零件的表面粗糙度、几何公差和精度等级对其使用有何影响？根据实际工况，如何选择、标注和检测零件的表面粗糙度、几何公差及公差等级？

如图 5-1 所示的一级直齿圆柱齿轮减速器的示意图，已知传递的功率 $P=5\mathrm{kW}$，转速 $n_1=960\mathrm{r/min}$，稍有冲击。根据使用功能，对轴承、齿轮和键的表面粗糙度、几何公差及公差等级进行选择和图样标注，并思考如何根据标注的样式检测零件的加工精度是否符合要求。

 项目分析

1) 减速器是一种常见的传动设备，广泛应用于汽车、轮船和自动化生产设备等机械，起着降低输出转速，增加转矩，提升载荷能力的作用。其工作原理为动力由输入轴传入，通过键连接将运动传递给齿轮，再经过一对啮合的齿轮将运动传递到输出轴，从而带动工作机械的运动。由于从动轮的齿数比主动轮的齿数多，所以达到了减速的目的。减速器中的滚动

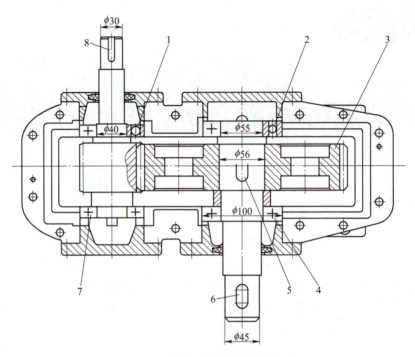

图 5-1 一级直齿圆柱齿轮减速器示意图

1、2、4、7—轴承　3—齿轮　5、6、8—键

轴承、渐开线圆柱齿轮和键等的精度，对减速器安全、平稳和精确的运行有显著的影响。因此，本项目对上述零件的基础知识、精度设计及检测方法进行介绍。

2）本项目的任务如下：$\phi 55$ 轴径与滚动轴承内径、箱体孔 $\phi 100$（轴承座孔）与轴承外径的配合；一对直齿圆柱齿轮的啮合；轴与齿轮通过键连接。根据减速器的使用要求，选择轴承、齿轮和键的尺寸、公差和检测方法，并做图样标注。

## 任务 5.1　滚动轴承的精度设计

### 任务描述

一级直齿圆柱齿轮减速器输出轴上 $\phi 55$ 轴径与滚动轴承内径、箱体孔 $\phi 100$ 与轴承外径的配合如图 5-2 所示，选择几何公差和表面粗糙度，并标注在图样上。

### 相关知识

#### 5.1.1　滚动轴承的组成与特点

滚动轴承是将运转的轴与轴承座之间的滑动摩擦变为滚动摩擦，从而减少摩擦损失的一种精密的机械元件。如图 5-3 所示，滚动轴承一般由外圈、内圈、滚动体和保持架组成。

项目5 减速器典型零件的精度设计与检测

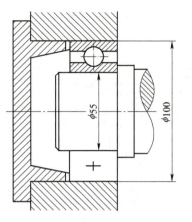

图 5-2 输出轴相关配合

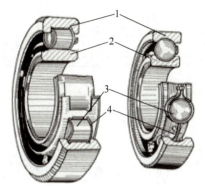 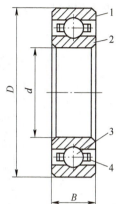

图 5-3 滚动轴承基本结构
1—外圈　2—内圈　3—滚动体　4—保持架

内圈的作用是与轴相配合并与轴一起旋转；外圈的作用是与轴承座相配合，起支承作用；滚动体借助于保持架均匀地分布在内圈和外圈之间，其形状、大小和数量直接影响着滚动轴承的使用性能和寿命；保持架能使滚动体沿滚道均匀分布，防止滚动体脱落，引导滚动体旋转，起润滑作用。

滚动轴承工作时，要求转动平稳、旋转精度高、噪声小。为保证滚动轴承的工作性能与使用寿命，除了轴承本身的制造精度，还要正确选择轴和箱体孔与轴承的配合，传动轴和箱体孔的尺寸精度、几何精度、表面粗糙度等。

### 5.1.2 滚动轴承的精度及等级

国家标准 GB/T 307.3—2017《滚动轴承 通用技术规则》规定，滚动轴承的精度等级是按其外形尺寸公差和旋转精度划分的。

外形尺寸公差是指成套轴承的内径、外径、宽度及装配宽度的尺寸公差；旋转精度主要指轴承内、外圈的允许径向跳动和轴向跳动、端面对滚道的跳动、端面对内孔的跳动等。

国家标准规定：向心轴承（圆锥滚子轴承除外）精度分为普通级、6 级、5 级、4 级、2 级，其中普通级最低，依次升高；圆锥滚子轴承和推力轴承的精度分为普通级、6X 级、5 级、4 级；推力轴承的精度分为普通级、6 级、5 级、4 级。

### 5.1.3 滚动轴承与轴和轴承座孔的配合

滚动轴承为标准件，它的内、外圈配合表面不能且无须再加工，所以在设计轴承与轴、轴承与轴承座孔配合时，只需要按照轴承内、外径的配合尺寸来确定轴和孔的公差带。

#### 1. 轴颈和轴承座孔的尺寸公差带等级

由于轴承内径和外径公差带在制造时已确定，因此，它们分别与轴承座孔、轴颈的配合要由轴承座孔和轴颈的公差带决定。故选择轴承的配合也就是确定轴颈和轴承座孔的公差带。国家标准所规定的轴颈和轴承座孔的公差带如图 5-4 所示。由图可见，轴承内圈与轴颈的配合比 GB/T 1800.1—2020 中基孔制同名配合紧一些，g5、g6、h5、h6 轴颈与轴承内圈的配合已变成过渡配合，k5、k6、m5、m6 已变成过盈配合，其余也都有所变紧。与向心轴承配合的轴的公差带代号见表 5-1，与向心轴承配合的轴承座孔的公差带代号见表 5-2。

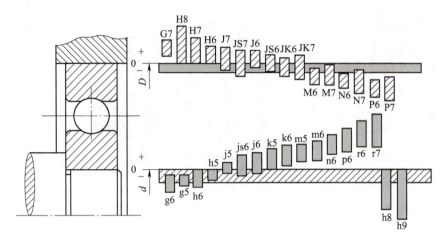

图 5-4 轴颈和轴承座孔公差带

表 5-1 向心轴承和轴的配合——轴公差带

| 载荷情况 | | 举例 | 圆柱孔轴承 | | | 公差带 |
|---|---|---|---|---|---|---|
| | | | 深沟球轴承、调心球轴承和角接触球轴承 | 圆柱滚子轴承和圆锥滚子轴承 | 调心滚子轴承 | |
| | | | 轴承公称内径/mm | | | |
| 内圈承受旋转载荷或方向不定载荷 | | 轻载荷 | 输送机、轻载齿轮箱 | ≤18<br>>18~100<br>>100~200<br>— | —<br>≤40<br>>40~140<br>>140~200 | —<br>≤40<br>>40~100<br>>100~200 | h5<br>j6①<br>k6①<br>m6① |
| | | 正常载荷 | 一般通用机械、电动机、泵、内燃机、直齿轮传动装置 | ≤18<br>>18~100<br>>100~140<br>>140~200<br>>200~280<br>—<br>— | —<br>≤40<br>>40~100<br>>100~140<br>>140~200<br>>200~400<br>— | —<br>≤40<br>>40~65<br>>65~100<br>>100~140<br>>140~280<br>>280~500 | j5、js5<br>k5②<br>m5②<br>m6<br>n6<br>p6<br>r6 |
| | | 重载荷 | 铁路机车车辆轴箱、牵引电动机、破碎机等 | >50~140<br>>140~200<br>>200 | >50~100<br>>100~140<br>>140~200<br>— | >50~100<br>>100~140<br>>140~200<br>>200 | n6③<br>p6③<br>r6③<br>r7③ |
| 内圈承受固定载荷 | 所有载荷 | 内圈需在轴向易移动 | 非旋转轴上的各种轮子 | 所有尺寸 | | | f6 |
| | | | | | | | g6 |
| | | 内圈不需要在轴向易移动 | 张紧轮、绳轮 | | | | h6 |
| | | | | | | | j6 |

(续)

| 载荷情况 | 举例 | 圆柱孔轴承 | | | 公差带 |
|---|---|---|---|---|---|
| | | 深沟球轴承、调心球轴承和角接触球轴承 | 圆柱滚子轴承和圆锥滚子轴承 | 调心滚子轴承 | |
| | | 轴承公称内径/mm | | | |
| 仅有轴向载荷 | — | 所有尺寸 | | | j6、js6 |
| 圆锥孔轴承 | | | | | |
| 所有载荷 | 铁路机车车辆轴箱 | 装在退卸套上 | 所有尺寸 | | h8(IT6)④ |
| | 一般机械传动 | 装在紧定套上 | 所有尺寸 | | h9(IT7)④ |

① 凡精度要求较高的场合,应用 j5、k5、m5 代替 j6、k6、m6。
② 圆锥滚子轴承、角接触球轴承配合对游隙影响不大,可用 k6、m6 代替 k5、m5。
③ 重载荷下轴承游隙应选大于 N 组。
④ 凡精度要求较高或转速要求较高的场合,应选用 h7(IT5) 代替 h8(IT6) 等。IT6、IT7 表示圆柱度公差数值。

表 5-2 向心轴承和轴承座孔的配合——孔公差带

| 载荷情况 | | 举例 | 其他状况 | 公差带① | |
|---|---|---|---|---|---|
| | | | | 球轴承 | 滚子轴承 |
| 外圈承受固定载荷 | 轻、正常、重 | 一般机械、铁路机车车辆轴箱 | 轴向易移动,可采用剖分式轴承座 | H7、G7② | |
| | 冲击 | | 轴向能移动,可采用整体或剖分式轴承座 | J7、JS7 | |
| 外圈承受方向不定载荷 | 轻、正常 | 电机、泵、曲轴主轴承 | | K7 | |
| | 正常、重 | | | M7 | |
| | 重、冲击 | 牵引电机 | 轴向不移动,采用整体式轴承座 | | |
| 外圈承受旋转载荷 | 轻 | 传动带张紧轮 | | J7 | K7 |
| | 正常 | 轮毂轴承 | | M7 | N7 |
| | 重 | | | — | N7、P7 |

① 并列公差带随尺寸的增大从左至右选择。对旋转精度有较高要求时,可相应提高一个公差等级。
② 不适用于剖分式轴承座。

**2. 滚动轴承配合的选择**

正确地选择配合,对保证滚动轴承的正常运转、延长其使用寿命关系极大。为了使轴承具有较高的定心精度,一般在选择轴承两个套圈的配合时,都偏向紧密。但要防止太紧,因内圈的弹性胀大和外圈的收缩会使轴承内间隙减小甚至完全消除并产生过盈,不仅影响正常运转,还会使套圈材料产生较大的应力,降低轴承的使用寿命。

故选择轴承配合时,要全面地考虑各个主要因素,应以轴承的工作条件(载荷类型、载荷大小、工作温度、旋转精度、轴向游隙)、零件的结构类型和材料、安装与拆卸的要求等为依据,一般根据轴承所承受的载荷类型和大小来决定。

### 3. 轴颈和轴承座孔的几何公差与表面粗糙度

轴颈或轴承座孔的几何误差，使轴承套圈安装后产生变形和歪斜，因此为保证轴承正常运转，除了正确地选择轴承与轴颈、轴承座孔的公差等级，轴颈、轴承座孔应采用包容原则，并对其配合要素的圆柱度公差、轴肩和轴承座孔肩轴向圆跳动公差提出合理要求。另外，配合表面的表面粗糙度应与选定精度相适应。表 5-3 和表 5-4 所列为国家标准推荐的几何公差和表面粗糙度的参考值。

表 5-3　轴颈和轴承座孔的几何公差（摘自 GB/T 275—2015）

| 轴承公称内、外径/mm | 圆柱度 t | | | | 轴向圆跳动 $t_1$ | | | |
|---|---|---|---|---|---|---|---|---|
| | 轴颈 | | 轴承座孔 | | 轴肩 | | 轴承座孔肩 | |
| | 轴承精度等级 | | | | | | | |
| | 普通级 | 6(6X) | 普通级 | 6(6X) | 普通级 | 6(6X) | 普通级 | 6(6X) |
| | 公差值/μm | | | | | | | |
| >18~30 | 4.0 | 2.5 | 6.0 | 4.0 | 10 | 6.0 | 15 | 10 |
| >30~50 | 4.0 | 2.5 | 7.0 | 4.0 | 12 | 8.0 | 20 | 12 |
| >50~80 | 5.0 | 3.0 | 8.0 | 5.0 | 15 | 10 | 25 | 15 |
| >80~120 | 6.0 | 4.0 | 10.0 | 6.0 | 15 | 10 | 25 | 15 |
| >120~180 | 8.0 | 5.0 | 12 | 8.0 | 20 | 12 | 30 | 20 |
| >180~250 | 10.0 | 7.0 | 14 | 10.0 | 20 | 12 | 30 | 20 |

表 5-4　轴颈和轴承座孔的表面粗糙度（摘自 GB/T 275—2015）

| 轴或轴承座孔直径/mm | | 轴或轴承座孔配合表面直径公差等级 | | | | | |
|---|---|---|---|---|---|---|---|
| | | IT7 | | IT6 | | IT5 | |
| | | 表面粗糙度 $Ra$/μm | | | | | |
| > | ≤ | 磨 | 车 | 磨 | 车 | 磨 | 车 |
| — | 80 | 1.6 | 3.2 | 0.8 | 1.6 | 0.4 | 0.8 |
| 80 | 500 | 1.6 | 3.2 | 1.6 | 3.2 | 0.8 | 1.6 |
| 500 | 1250 | 3.2 | 6.3 | 1.6 | 3.2 | 1.6 | 3.2 |
| 端面 | | 3.2 | 6.3 | 6.3 | 6.3 | 6.3 | 3.2 |

### 任务实施

图 5-2 所示为直齿圆柱齿轮减速器输出轴的部分装配图，已知该减速器的功率为 5kW，从动轴转速为 83r/min，其两端的轴承为 6211 深沟球轴承（d = 55mm，D = 100mm），轻载荷。试确定图 5-2 中轴颈和轴承座孔的公差带代号（尺寸极限偏差）、几何公差值和表面粗糙度参数值，并将它们分别标注在装配图和零件图上。

设计方案见表 5-5。

表 5-5 轴承设计方案

| 序号 | 设计要素 | 设计方案 | 分析 |
|---|---|---|---|
| 1 | 轴承等级 | 普通级 | 减速器属于一般机械，轴的转速不高 |
| 2 | 轴颈公差带 | φ55j6 | 按轴承工作条件选取 |
| 3 | 轴承座孔公差带 | φ100H7（基轴制配合） | |
| 4 | 几何公差值 | 轴颈圆柱度公差 0.005mm | 表 5-3 |
| 5 | | 轴肩轴向圆跳动公差 0.015mm | |
| 6 | | 轴承座孔圆柱度公差 0.01mm | |
| 7 | | 轴承座孔肩轴向圆跳动公差 0.025mm | |
| 8 | 轴颈和轴承座孔表面粗糙度参数值 | 轴颈 $Ra \leq 1\mu m$ | 表 5-4 |
| 9 | | 轴肩端面 $Ra \leq 2\mu m$ | |
| 10 | | 轴承座孔 $Ra \leq 2.5\mu m$ | |

将确定好的上述公差标注在图样上。由于滚动轴承是外购的标准部件，因此，在装配图上只需注出轴颈和轴承座孔的公差带代号，如图 5-5a 所示。轴承座和轴颈上的标注如图 5-5b、c 所示。

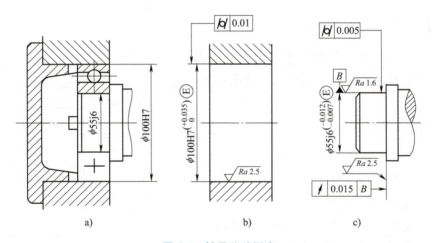

图 5-5 轴承公差配合

a) 装配图 　b) 轴承座图样 　c) 轴颈图样

## 任务评价

| 序号 | 考核项目 | 考核内容 | 检验规则 | 分值 小组自评（20%） | 小组互评（40%） | 教师评分（40%） |
|---|---|---|---|---|---|---|
| 1 | 轴承配合公差带选择 | 轴颈公差带 | 15 分/考核点，共 15 分 | | | |
| | | 轴承座孔公差带 | 15 分/考核点，共 15 分 | | | |

（续）

| 序号 | 考核项目 | 考核内容 | 检验规则 | 分值 | | |
|---|---|---|---|---|---|---|
| | | | | 小组自评（20%） | 小组互评（40%） | 教师评分（40%） |
| 2 | 几何公差选择 | 轴颈圆柱度公差 | 10分/考核点，共10分 | | | |
| | | 轴肩轴向圆跳动公差 | 10分/考核点，共10分 | | | |
| | | 轴承座孔圆柱度公差 | 10分/考核点，共10分 | | | |
| | | 轴承座孔肩轴向圆跳动公差 | 10分/考核点，共10分 | | | |
| 3 | 表面粗糙度选择 | 轴颈表面粗糙度 | 10分/考核点，共10分 | | | |
| | | 轴肩端面表面粗糙度 | 10分/考核点，共10分 | | | |
| | | 轴承座孔表面粗糙度 | 10分/考核点，共10分 | | | |
| | 总分 | | 100分 | | | |
| | 合计 | | | | | |

## 任务 5.2　渐开线圆柱齿轮的精度设计与检测

**任务描述**

图 5-6 所示为图 5-1 中的减速器输出轴的齿轮，根据使用工况选择齿轮的表面粗糙度、精度和几何公差，并在图上标注。

**相关知识**

### 5.2.1　齿轮的参数认识

**1. 齿轮传动的使用要求**

齿轮传动是机器及仪器中常用的一种机械传动形式，它广泛地用于传递运动和动力。齿轮传动的质量将影响到机器或仪器的工作性能、承载能力、使用寿命和工作精度。因此，现代工业中的各种机器和仪器对齿轮传动互换性的使用提出了多方面的要求，归纳起来主要有四个方面：传递运动的准确性、传动的平稳性、载荷分布的均匀性、传动侧隙的合理性。

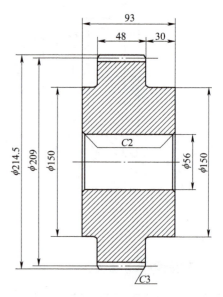

图 5-6　减速器输出轴上的齿轮

**2. 齿轮的主要加工误差**

为了便于分析齿轮的各种制造误差对齿轮传动质量的影响，按误差相对于齿轮的方向特征，可分为径向误差、切向误差和轴向误差；齿轮为圆周分度零件，其误差具有周期性，按误差在齿轮一转中是否多次出现，即在齿轮一转中出现的周期或频率，可分为以齿轮一转为周期的长周期误差或低频误差,它主要影响传递运动的准确性,以及以齿轮一齿为周期的短周期误差或高频误差,它主要影响工作平稳性。

### 5.2.2 齿轮的精度设计与检测

根据齿轮传动的使用要求,圆柱齿轮传动精度包括四个方面:

1) 运动精度:要求传递运动的准确性。为了保证齿轮传动的运动精度,应限制齿轮一转中最大转角误差 $\Delta i_\Sigma$。

2) 运动平稳性精度:要求齿轮运转平稳,没有冲击、振动和噪声。要限制一齿距角范围内转角误差的最大值 $i_{Ri}$。

3) 接触精度:要求齿轮在接触过程中,载荷分布均匀,接触良好,以免引起应力集中,造成局部磨损,影响齿轮的使用寿命。

4) 齿侧间隙:在齿轮传动过程中,非接触面一定要有合理的间隙。一方面为了贮存润滑油,另一方面为了补偿齿轮的制造和变形误差。

根据齿轮精度要求,把齿轮的误差分成影响运动准确性误差、影响运动平稳性误差、影响载荷分布均匀性误差和影响侧隙的误差。齿轮精度评定指标和检测方法见表5-6。

表5-6 齿轮精度评定指标和检测方法

| 误差类型 | 精度评定指标 | 描述 | 检测方法 |
| --- | --- | --- | --- |
| 运动准确性 | 切向综合总偏差 $F_{is}$ | 被测齿轮与理想精确的测量齿轮单面啮合检验时,在被测齿轮一转内,齿轮分度圆上实际圆周位移与理论圆周位移的最大差值 | 在单面啮合综合检查仪(简称单啮仪)上进行测量,单啮仪结构复杂,价格昂贵,在生产车间很少使用 |
| | $k$ 个齿距累积偏差 $F_{pk}$ | 在端平面上,在接近齿高中部的一个与齿轮轴线同心的圆上,任意 $k$ 个齿距的实际弧长与理论弧长之差 | 用万能测齿仪测齿距,测量时,首先以被测齿轮上任意实际齿距作为基准,将仪器指示表调零,然后沿整个齿圈依次测出其他实际齿距与作为基准的齿距的差值,经过数据处理求出 $F_{pk}$ 和 $F_p$ 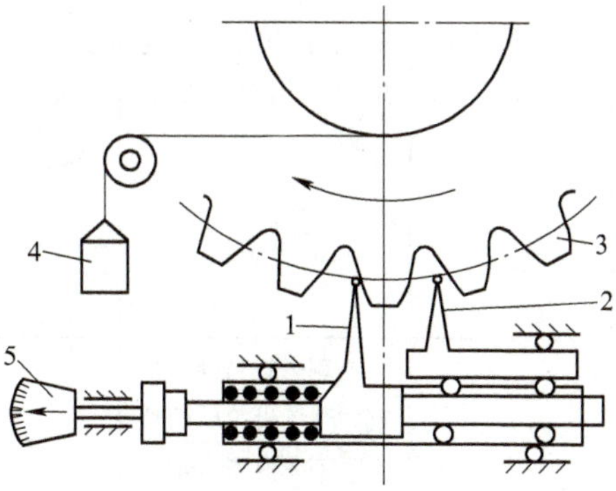 <br> 1—活动测头 2—固定测头 3—被测齿轮 4—重锤 5—指示表 |
| | 齿距累积总偏差 $F_p$ | 齿轮所有齿的指定齿面的任一齿距累积偏差的最大代数差 | |

(续)

| 误差类型 | 精度评定指标 | 描述 | 检测方法 |
|---|---|---|---|
| 运动准确性 | 齿轮径向跳动偏差 $F_r$ | 齿轮一转范围内，测头（球形、圆柱形、砧形）相继置于每个齿槽内时，从它到齿轮轴线的最大和最小径向距离之差 | 可用齿圈径向跳动检查仪测量，测头可以是V形或锥形。测量时测头与齿槽双面接触，以齿轮孔中心线为测量基准，依次逐齿测量，在齿轮一转中，指示表的最大示值与最小示值之差就是被测齿轮的齿圈径向跳动 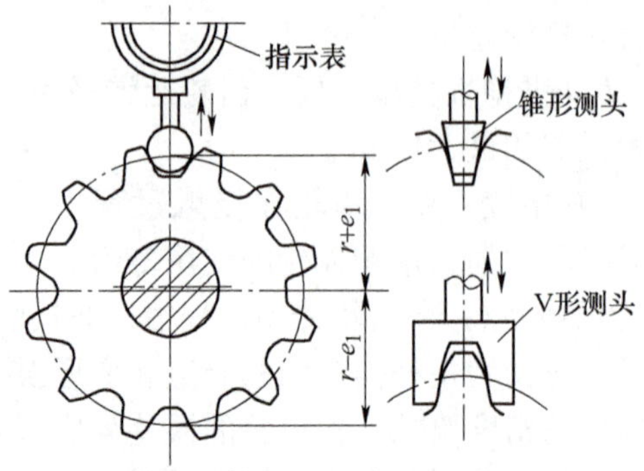 |
| | 径向综合总偏差 $F_{id}$ | 与理想精确的测量齿轮双面啮合时，在被测齿轮一转内，双啮中心距的最大变动量 | 可用双面啮合仪测量，被测齿轮的轴线可浮动，标准齿轮的轴线固定，在弹簧的作用下两轮双面啮合。若被测齿轮有几何偏心，在一转中，双啮中心距会发生变化，连续记录其变化情况 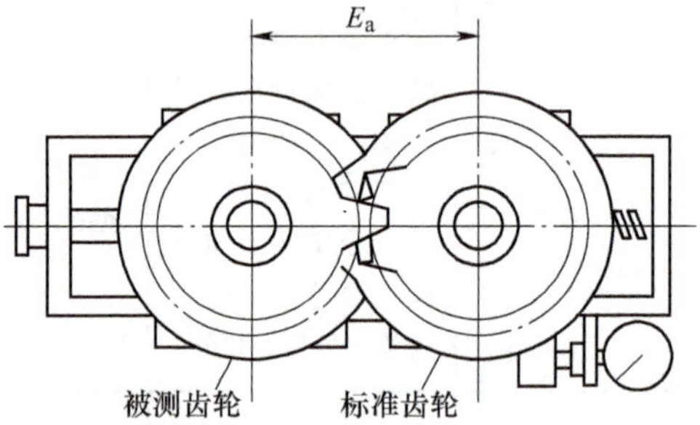 |
| | 公法线长度变动偏差 $F_w$ | 实际公法线长度的最大值与最小值之差 | 可用公法线千分尺、公法线卡尺、万能测齿仪等测量，由于测量方法比较简单，生产中应用也较普遍 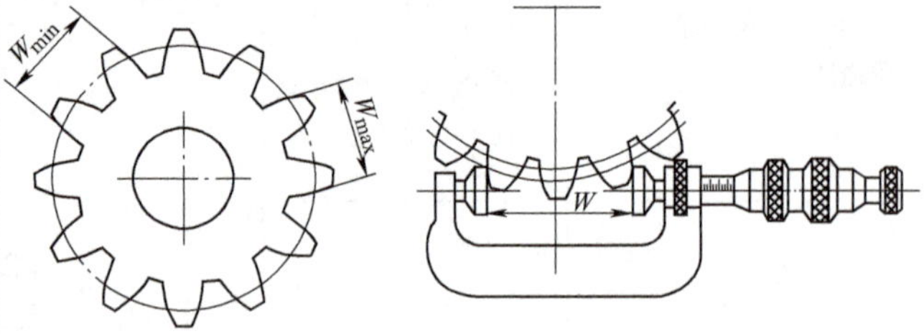 |
| 传动平稳性 | 一齿切向综合偏差 $f_{is}$ | 实测齿轮与理想精确的测量齿轮单面啮合时，在被测齿轮一齿距角内，实际转角与公称转角之差的最大幅度值 | — |

（续）

| 误差类型 | 精度评定指标 | 描述 | 检测方法 |
|---|---|---|---|
| 传动平稳性 | 一齿径向综合偏差 $f_{id}$ | 被测齿轮与理想精确的测量齿轮双面啮合时,在被测齿轮一齿角内的最大变动量 | — |
| | 齿廓总偏差 $F_\alpha$ | 在齿廓计值范围内,包容被测齿廓的两条设计齿廓平行线之间的距离 | — |
| | 齿廓形状偏差 $f_{f\alpha}$ | 在齿廓计值范围内,包容被测齿廓的两条平均齿廓线平行线之间的距离 | 可用单圆盘渐开线检查仪检测。仪器通过直尺7和基圆盘4的纯滚动产生精确的渐开线：被测齿轮3与基圆盘4同轴安装。传感器和测头装在直尺7上面,随直尺7一起移动。测量时,按基圆半径$r_b$调整测头的位置,使测头与被测齿面接触。移动直尺7,在摩擦力作用下,基圆盘4与被测齿轮3一起转动。如果齿形有误差,则在测量过程中测头相对于齿面之间就有相对移动,此运动通过传感器等测量系统记录下来 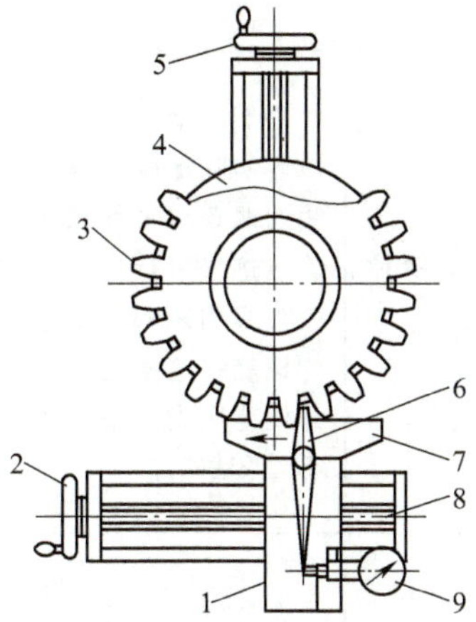<br><br>1—托板　2、5—手轮　3—被测齿轮　4—基圆盘<br>6—杠杆　7—直尺　8—线杠　9—指示表 |
| | 齿廓倾斜偏差 $f_{H\alpha}$ | 以齿廓控制圆直径为起点,以平均齿廓线的延长线与齿顶圆直径的交点为终点,与这两点相交的两条设计齿廓平行线间的距离 | — |
| | 单个齿距偏差 $f_p$ | 所有任一单个齿距偏差的最大绝对值 | — |

(续)

| 误差类型 | 精度评定指标 | 描述 | 检测方法 |
|---|---|---|---|
| 载荷分布均匀性 | 螺旋线总偏差 $F_\beta$ | 在计值范围内，包容实际螺旋线迹线的两条设计螺旋线迹线间的距离 | 对于直齿圆柱齿轮，螺旋角 $\beta=0$，$F_\beta$ 称为齿向偏差。测量时，被测齿轮装在心轴上，心轴装在两顶尖座或等高的V形架上，在齿槽内放入精密小圆柱。以检验平板为基准，用指示表测量小圆柱两端 $A$、$B$ 两点的读数差为 $a$，$\dfrac{b}{l}a$ 即为该齿轮的齿向偏差<br>对于斜齿圆柱齿轮的 $F_\beta$ 可在导程仪、螺旋角检查仪或万能测齿仪上测量 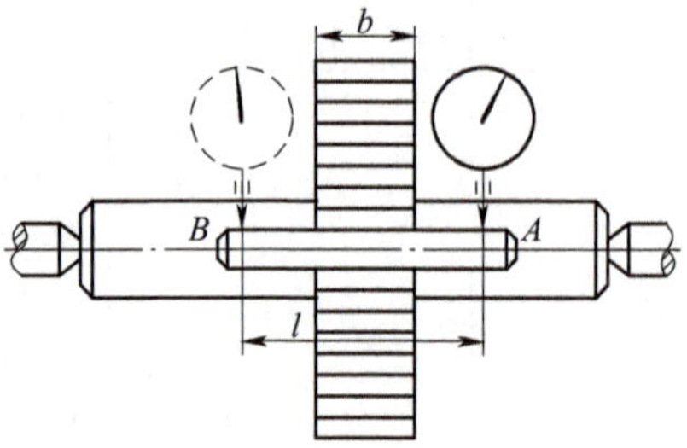 |
| | 螺旋线形状偏差 $f_{f\beta}$ | 在计值范围内，包容实际螺旋线迹线的两条与平均螺旋线迹线平行的两直线间距离。平均螺旋线迹线是在计值范围内，按最小二乘法确定 | — |
| | 螺旋线倾斜偏差 $f_{H\beta}$ | 在计值范围的两端与平均螺旋线迹线相交的两条设计螺旋线迹线间的距离 | — |
| 齿侧间隙 | 最小侧隙 $j_{bnmin}$ | 齿轮传动时，必须保证有足够的最小侧隙 $j_{bnmin}$，以保证齿轮机构正常工作 | 对于用黑色金属材料的齿轮和箱体，齿轮传动时，齿轮节圆线速度小于15m/s，最小侧隙 $j_{bnmin}$ 可采用表5-7所列的推荐数据 |

(续)

| 误差类型 | 精度评定指标 | 描述 | 检测方法 |
|---|---|---|---|
| 齿侧间隙 | 齿厚偏差 $f_{sn}$ | 在齿轮分度圆柱面上，齿厚的实际值与公称值之差 | 齿厚偏差 $f_{sn}$ 通常用游标齿厚卡尺测量。测量前先将垂直的游标卡尺调整到被测齿轮的分度圆弦齿高 $\bar{h}$ 处，以使卡尺的两个量爪与齿轮在分度圆处接触，然后用水平游标尺测出分度圆弦齿厚的实际值 $s'$，$s'-\bar{s}$ 为齿厚偏差。$\bar{s}$ 为公称弦齿厚<br> 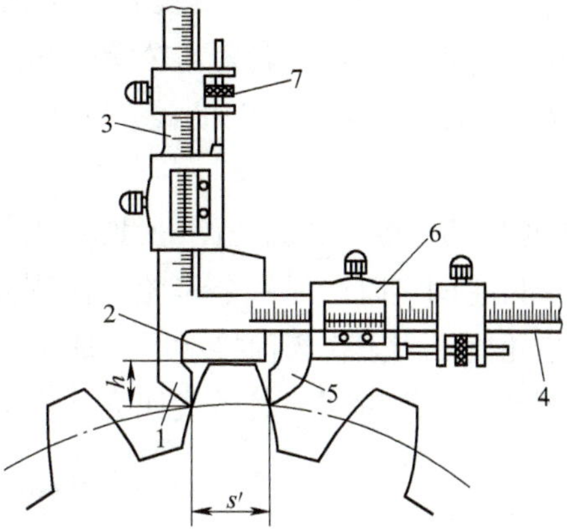<br>1—固定量爪　2—高度定位尺　3—垂直游标卡尺<br>4—水平游标卡尺　5—活动量爪<br>6—游标框架　7—调节螺母 |

表 5-7　对于中、大模数齿轮最小侧隙的推荐数据（摘自 GB/Z 18620.2—2008）

| 模数/mm | 最小中心距/mm | | | | | |
|---|---|---|---|---|---|---|
| | 50 | 100 | 200 | 400 | 800 | 1600 |
| 1.5 | 0.09 | 0.11 | — | — | — | — |
| 2 | 0.1 | 0.12 | 0.15 | — | — | — |
| 3 | 0.12 | 0.14 | 0.17 | 0.24 | — | — |
| 5 | — | 0.18 | 0.21 | 0.28 | — | — |
| 8 | — | 0.24 | 0.27 | 0.34 | 0.47 | — |
| 12 | — | — | 0.35 | 0.42 | 0.55 | — |
| 18 | — | — | — | 0.54 | 0.67 | 0.94 |

### 5.2.3 齿轮副精度的精度设计与检测

由两个相啮合的齿轮组成的基本机构称为齿轮副。齿轮副的精度通常可用传动误差和安装误差来表示。

**1. 传动误差**

1) 齿轮副切向综合偏差 $F_{is}$，指在啮合转动足够多的转数内，一个齿轮相对于另一个齿轮的实际转角与公称转角之差的最大幅值，以分度圆弧长计。

2) 齿轮副的一齿切向综合偏差 $f_{is}$，指在啮合转动足够多的转数内，一个齿轮相对于另一个齿轮的一个齿距的实际转角与公称转角之差的最大幅值。

3) 齿轮副的接触斑点，以接触痕迹的大小在齿面展开图上用齿长方向和齿高方向百分数计算。

4) 齿轮副的侧隙，指齿轮副的圆周侧隙和法向侧隙。圆周侧隙 $j_{wt}$ 是指装配好的齿轮副，当一个齿轮固定时，另一个齿轮的圆周晃动量，以分度圆弧长计值。法向侧隙 $j_{bn}$ 是指装配好的齿轮副，当工作齿面接触时，非工作齿面之间的最小距离。

法向侧隙与圆周侧隙的关系式如下：

$$j_{bn} = j_{wt}\cos\alpha_{wt}\cos\beta_b$$

式中，$\beta_b$ 为基圆上螺旋角；$\alpha_{wt}$ 为分度圆上齿形角。

**2. 安装误差**

1) 齿轮副中心距偏差 $\pm f_a$，是在齿轮副齿宽中间平面内，实际中心距与公称中心距之差。

2) 齿轮副轴线的平行度误差 $f_{\Sigma\delta}$、$f_{\Sigma\beta}$。$f_{\Sigma\delta}$ 是一对齿轮的轴线在其基准平面 $H$ 上投影的平行度误差。基准平面 $H$ 是包含基准轴线并通过另一根轴线与齿宽中间平面的交点所形成的平面。两根轴线中任意一根都可作为基准轴线。$f_{\Sigma\beta}$ 是一对齿轮轴线在垂直于基准平面且平行于基准轴线的平面。$f_{\Sigma\delta}$、$f_{\Sigma\beta}$ 主要影响载荷分布和侧隙的均匀性。采用塞尺对齿轮副的侧隙进行检测，如图 5-7 所示。

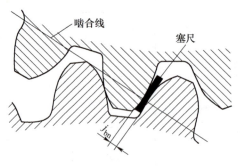

图 5-7 齿轮副侧隙检测

## 5.2.4 减速器输出轴齿轮的精度设计与检测

**1. 齿轮精度等级的确定**

单个齿轮规定有 11 个精度等级,用 1、2、…、11 表示。其中 1 级精度最高,依次降低,11 级精度最低。各级常用精度的各项偏差的数值见表 5-8~表 5-10。

表 5-8 $F_\beta$ 允许值、$f_{f\beta}$ 和 $\pm f_{H\beta}$ 数值

| 分度圆直径 $d$/mm | 齿宽/mm | 螺旋线总偏差 $F_\beta$ | | | | | 螺旋线形状偏差和螺旋线倾斜偏差 $f_{f\beta}$,$\pm f_{H\beta}$ | | | | |
|---|---|---|---|---|---|---|---|---|---|---|---|
| | | 5 | 6 | 7 | 8 | 9 | 5 | 6 | 7 | 8 | 9 |
| ≥5~20 | ≥4~10 | 6 | 8.5 | 12 | 17 | 24 | 4.4 | 6 | 8.5 | 12 | 17 |
| | >10~20 | 7 | 9.5 | 14 | 19 | 28 | 4.9 | 7 | 10 | 14 | 20 |
| >20~50 | ≥5~10 | 6.5 | 9 | 13 | 18 | 25 | 4.5 | 6.5 | 9 | 13 | 18 |
| | >10~20 | 7 | 10 | 14 | 20 | 29 | 5 | 7 | 10 | 14 | 20 |
| | >20~40 | 8 | 11 | 16 | 23 | 32 | 6 | 8 | 12 | 16 | 23 |
| >50~125 | ≥5~10 | 6.5 | 9.5 | 13 | 19 | 27 | 4.8 | 6.5 | 9.5 | 13 | 19 |
| | >10~20 | 7.5 | 11 | 15 | 21 | 30 | 5.5 | 7.5 | 11 | 15 | 21 |
| | >20~40 | 8.5 | 12 | 17 | 24 | 34 | 6 | 8.5 | 12 | 17 | 24 |
| | >40~80 | 10 | 14 | 20 | 28 | 39 | 7 | 10 | 14 | 20 | 28 |
| >125~280 | ≥5~10 | 7 | 10 | 14 | 20 | 29 | 5 | 7 | 10 | 14 | 20 |
| | >10~20 | 8 | 11 | 16 | 22 | 32 | 5.5 | 8 | 11 | 16 | 23 |
| | >20~40 | 9 | 13 | 18 | 25 | 36 | 6.5 | 9 | 13 | 18 | 25 |
| | >40~80 | 10 | 15 | 21 | 29 | 41 | 7.5 | 10 | 15 | 21 | 29 |
| | >80~160 | 12 | 17 | 25 | 35 | 49 | 8.5 | 12 | 17 | 25 | 35 |
| >280~560 | >10~20 | 8.5 | 12 | 17 | 24 | 34 | 6 | 8.5 | 12 | 17 | 24 |
| | >20~40 | 9.5 | 13 | 19 | 27 | 38 | 7 | 9.5 | 14 | 19 | 27 |
| | >40~80 | 11 | 15 | 22 | 33 | 44 | 8 | 11 | 16 | 22 | 31 |
| | >80~160 | 6 | 18 | 26 | 36 | 54 | 9 | 13 | 18 | 26 | 37 |
| | >160~250 | 15 | 21 | 30 | 43 | 60 | 11 | 15 | 22 | 30 | 43 |

表 5-9 $f_p$、$F_p$、$F_\alpha$、$F_{f\alpha}$、$f_{H\alpha}$、$F_r$、$f_{is}$、$F_W$ 偏差允许值

| 分度圆直径 $d$/mm | 模数 $m$/mm | 单个齿距偏差 $f_p$ | | | | 齿距累积总偏差 $F_p$ | | | | 齿廓总偏差 $F_\alpha$ | | | | 齿廓形状偏差 $F_{f\alpha}$ | | | | 齿廓倾斜偏差 $f_{H\alpha}$ | | | | 径向跳动偏差 $F_r$ | | | | 一齿切向综合偏差 $f_{is}$ | | | | 公法线长度变动偏差 $F_W$ | | | |
|---|---|---|---|---|---|---|---|---|---|---|---|---|---|---|---|---|---|---|---|---|---|---|---|---|---|---|---|---|---|---|---|---|---|
| | | 5 | 6 | 7 | 8 | 5 | 6 | 7 | 8 | 5 | 6 | 7 | 8 | 5 | 6 | 7 | 8 | 5 | 6 | 7 | 8 | 5 | 6 | 7 | 8 | 5 | 6 | 7 | 8 | 5 | 6 | 7 | 8 |
| ≥5~20 | ≥0.5~2 | 4.7 | 6.5 | 9.5 | 13 | 11 | 16 | 23 | 32 | 4.6 | 6.5 | 9 | 13 | 3.5 | 5 | 7 | 10 | 2.9 | 4.2 | 6 | 8.5 | 9 | 13 | 18 | 25 | 14 | 19 | 27 | 33 | 10 | 14 | 20 | 29 |
| | >2~3.5 | 5 | 7.5 | 10 | 15 | 12 | 17 | 23 | 33 | 6.5 | 9.5 | 13 | 19 | 5 | 7 | 10 | 14 | 4.2 | 6 | 8.5 | 12 | 9.5 | 13 | 19 | 27 | 16 | 23 | 32 | 45 | | | | |
| >20~50 | ≥0.5~2 | 5 | 7 | 10 | 14 | 14 | 20 | 29 | 41 | 5 | 7.5 | 10 | 15 | 4 | 5.5 | 8 | 11 | 3.3 | 4.6 | 6.5 | 9.5 | 11 | 16 | 23 | 32 | 14 | 20 | 29 | 41 | 12 | 16 | 23 | 32 |
| | >2~3.5 | 5.5 | 7.5 | 11 | 15 | 15 | 21 | 30 | 42 | 7 | 10 | 14 | 20 | 5.5 | 8 | 11 | 16 | 4.5 | 6.5 | 9 | 13 | 12 | 17 | 24 | 34 | 17 | 24 | 34 | 48 | | | | |
| | >3.5~6 | 6 | 8.5 | 12 | 17 | 15 | 22 | 31 | 44 | 9 | 12 | 18 | 25 | 7 | 9.5 | 14 | 19 | 5.5 | 8 | 11 | 16 | 12 | 17 | 25 | 36 | 19 | 27 | 38 | 54 | | | | |
| >50~125 | ≥0.5~2 | 5.5 | 7.5 | 11 | 15 | 18 | 26 | 37 | 52 | 6 | 8.5 | 12 | 17 | 4.5 | 6.5 | 9 | 13 | 3.7 | 5.5 | 7.5 | 11 | 15 | 21 | 29 | 42 | 16 | 22 | 31 | 44 | 14 | 19 | 27 | 37? |
| | >2~3.5 | 6 | 8.5 | 12 | 17 | 19 | 27 | 38 | 53 | 8 | 11 | 15 | 22 | 5.5 | 8 | 11 | 16 | 5 | 7 | 10 | 14 | 15 | 21 | 30 | 43 | 18 | 25 | 36 | 51 | | | | |
| | >3.5~6 | 6.5 | 9 | 13 | 18 | 19 | 28 | 39 | 55 | 9.5 | 13 | 19 | 27 | 7.5 | 9.5 | 14 | 21 | 6 | 8.5 | 12 | 17 | 16 | 22 | 31 | 44 | 20 | 29 | 40 | 57 | | | | |
| >125~280 | ≥0.5~2 | 6 | 8.5 | 12 | 17 | 24 | 35 | 49 | 69 | 7 | 10 | 14 | 20 | 5.5 | 7.5 | 11 | 15 | 4.4 | 6 | 8.5 | 12 | 20 | 28 | 40 | 56 | 17 | 24 | 34 | 49 | 16 | 22 | 31 | 44 |
| | >2~3.5 | 6.5 | 9 | 13 | 18 | 25 | 35 | 50 | 70 | 9 | 13 | 18 | 25 | 7 | 9.5 | 14 | 19 | 5.5 | 8 | 11 | 16 | 20 | 28 | 40 | 56 | 20 | 28 | 39 | 56 | | | | |
| | >3.5~6 | 7 | 10 | 14 | 20 | 25 | 36 | 51 | 72 | 11 | 15 | 21 | 30 | 8 | 12 | 16 | 23 | 6.5 | 9.5 | 13 | 19 | 20 | 29 | 41 | 58 | 22 | 31 | 44 | 62 | | | | |
| >280~560 | ≥0.5~2 | 6.5 | 9 | 13 | 18 | 32 | 46 | 64 | 91 | 8.5 | 12 | 17 | 23 | 6.5 | 9 | 13 | 18 | 5.5 | 7.5 | 11 | 15 | 26 | 36 | 51 | 73 | 19 | 27 | 39 | 54 | 19 | 26 | 37 | 53 |
| | >2~3.5 | 7 | 10 | 14 | 20 | 33 | 46 | 65 | 92 | 10 | 15 | 21 | 29 | 8 | 11 | 16 | 22 | 6.5 | 9 | 13 | 18 | 26 | 37 | 52 | 74 | 22 | 31 | 44 | 62 | | | | |
| | >3.5~6 | 8 | 11 | 16 | 22 | 33 | 47 | 66 | 94 | 12 | 17 | 24 | 34 | 9 | 13 | 18 | 26 | 7.5 | 11 | 15 | 21 | 27 | 38 | 53 | 75 | 24 | 34 | 48 | 68 | | | | |

表 5-10　$F_{id}$、$f_{id}$公差值

| 分度圆直径 $d$/mm | 法向模数 $m_n$/mm | 径向综合总偏差 $F_{id}$ | | | | | 一齿径向综合偏差 $f_{id}$ | | | | |
|---|---|---|---|---|---|---|---|---|---|---|---|
| | | 5 | 6 | 7 | 8 | 9 | 5 | 6 | 7 | 8 | 9 |
| ≥5~20 | ≥0.2~0.5 | 11 | 15 | 21 | 30 | 42 | 2.0 | 2.5 | 3.5 | 5.0 | 7.0 |
| | >0.5~0.8 | 12 | 16 | 23 | 33 | 46 | 2.5 | 4.0 | 5.5 | 7.5 | 11 |
| | >0.8~1.0 | 12 | 18 | 25 | 35 | 50 | 3.5 | 5.0 | 7.0 | 10 | 14 |
| | >1.0~1.5 | 14 | 19 | 27 | 38 | 54 | 4.5 | 6.5 | 9.0 | 13 | 18 |
| | >1.5~2.5 | 16 | 22 | 32 | 45 | 63 | 6.5 | 9.5 | 13 | 19 | 26 |
| >20~50 | ≥0.2~0.5 | 13 | 19 | 26 | 37 | 52 | 2.0 | 2.5 | 3.5 | 5.0 | 7.0 |
| | >0.5~0.8 | 14 | 20 | 28 | 40 | 56 | 2.5 | 4.0 | 5.5 | 7.5 | 11 |
| | >0.8~1.0 | 15 | 21 | 30 | 42 | 60 | 3.5 | 5.0 | 7.0 | 10 | 14 |
| | >1.0~1.5 | 16 | 23 | 32 | 45 | 64 | 4.5 | 6.5 | 9.0 | 13 | 18 |
| | >1.5~2.5 | 18 | 26 | 37 | 52 | 73 | 6.5 | 9.5 | 13 | 19 | 26 |
| >50~125 | >1.0~1.5 | 19 | 27 | 39 | 55 | 77 | 4.5 | 6.5 | 9.0 | 13 | 18 |
| | >1.5~2.5 | 22 | 31 | 43 | 61 | 86 | 6.5 | 9.5 | 13 | 19 | 26 |
| | >2.5~4.0 | 25 | 36 | 51 | 72 | 102 | 10 | 14 | 20 | 29 | 41 |
| | >4.0~6.0 | 31 | 44 | 62 | 88 | 124 | 15 | 22 | 31 | 44 | 62 |
| | >6.0~10 | 40 | 57 | 80 | 114 | 161 | 24 | 34 | 48 | 67 | 95 |
| >125~280 | >1.0~1.5 | 24 | 34 | 48 | 68 | 97 | 4.5 | 6.5 | 9.0 | 13 | 18 |
| | >1.5~2.5 | 26 | 37 | 53 | 75 | 106 | 6.5 | 9.5 | 13 | 19 | 27 |
| | >2.5~4.0 | 30 | 43 | 61 | 86 | 121 | 10 | 15 | 21 | 29 | 41 |
| | >4.0~6.0 | 36 | 51 | 72 | 102 | 144 | 15 | 22 | 31 | 44 | 62 |
| | >6.0~10 | 45 | 64 | 90 | 127 | 180 | 24 | 34 | 48 | 67 | 95 |
| >280~560 | >1.0~1.5 | 30 | 43 | 61 | 86 | 122 | 4.5 | 6.5 | 9.0 | 13 | 18 |
| | >1.5~2.5 | 33 | 46 | 65 | 92 | 131 | 6.5 | 9.5 | 13 | 19 | 27 |
| | >2.5~4.0 | 37 | 52 | 73 | 104 | 146 | 10 | 15 | 21 | 29 | 41 |
| | >4.0~6.0 | 42 | 60 | 84 | 119 | 169 | 15 | 22 | 31 | 44 | 62 |
| | >6.0~10 | 51 | 73 | 103 | 145 | 205 | 24 | 34 | 48 | 68 | 96 |

在确定齿轮精度等级时,主要依据齿轮的用途、使用要求和工作条件。选择齿轮精度等级的方法有计算法和类比法,通常采用类比法选择。表 5-11 所列为各种机械采用的齿轮精度等级,可供参考。

表 5-11 各种机械采用的齿轮精度等级

| 应用范围 | 精度等级 | 应用范围 | 精度等级 |
| --- | --- | --- | --- |
| 测量齿轮 | 2~5 | 拖拉机 | 6~10 |
| 汽轮机减速器 | 3~6 | 一般用途的减速器 | 6~9 |
| 金属切削机床 | 3~8 | 轧钢设备的小齿轮 | 6~10 |
| 内燃机车与电气机车 | 6~7 | 矿山绞车 | 8~10 |
| 轻型汽车 | 5~8 | 起重机 | 7~10 |
| 重型汽车 | 6~9 | 农业机械 | 8~11 |

在机械传动中应用最多的齿轮既传递运动又传递动力,其精度等级与圆周速度密切相关,因此可计算出齿轮的最高圆周速度。表 5-12 可用于确定齿轮精度等级。

表 5-12 齿轮精度等级的选用(供参考)

| 精度等级 | 圆周速度/(m/s) | | 面的终加工 | 工作条件 |
| --- | --- | --- | --- | --- |
| | 直齿 | 斜齿 | | |
| 6(高精密) | <15 | <30 | 精密磨齿或剃齿 | 要求最高效率且无噪声的高速下平稳工作的齿轮传动或分度机构的齿轮传动;特别重要的航空、汽车齿轮;读数装置用特别精密传动的齿轮 |
| 7(精密) | <10 | <15 | 无需热处理,仅用精确刀具加工的齿轮;淬火齿轮必须精加工(磨齿、挤齿、珩齿等) | 增速和减速用齿轮传动;金属切削机床送刀机构用齿轮;高速减速器用齿轮;航空、汽车用齿轮;读数装置用齿轮 |
| 8(中等精密) | <6 | <10 | 不磨齿、不必光整加工或对研 | 无需特别精密的一般机械制造用齿轮;在分度链中的机床传动齿轮;飞机、汽车制造业中不重要的齿轮;起重机机构用齿轮;农业机械中的重要齿轮,通用减速器齿轮 |
| 9(较低精度) | <2 | <4 | 无需特殊光整加工 | 用于粗加工的齿轮 |

**2. 齿轮副侧隙的确定**

1)齿轮副的最小法向极限侧隙 $j_{bnmin}$。获得侧隙的方法有两种。一种是基齿厚制,即固定齿厚的极限偏差,通过改变中心距的基本偏差来获得不同的最小极限侧隙,此方法用于中心距可调的机构。另一种方法是基中心距制,即固定中心距的极限偏差,通过改变齿厚的上偏差来得到不同的最小极限侧隙。国家标准采用后一种。

国家标准规定了 14 种齿厚极限偏差的数值,并用 14 个大写的英文字母表示。每一种代号代表的齿厚极限偏差的数值均以齿距极限偏差 $f_p$ 的倍数表示。

2)齿厚极限偏差的确定。选取齿厚极限偏差代号前,先根据齿轮副所要求的最小法向

侧隙 $j_{bnmin}$ 等，计算出齿厚上极限偏差 $E_{ss}$，然后根据切齿时进刀误差和能引起齿厚变化的齿圈径向跳动等算出齿厚的公差，最后再算出齿厚的下极限偏差 $E_{si}$。

将算出的齿厚上、下极限偏差分别除以齿距极限偏差 $f_p$，再按所得的商值从图 5-8 中选取适当的齿厚偏差代号。国家标准规定，当计算所得的数值不能正好以 14 种偏差代号表示时，允许另行规定，在图样上直接标注齿厚极限偏差的数值。

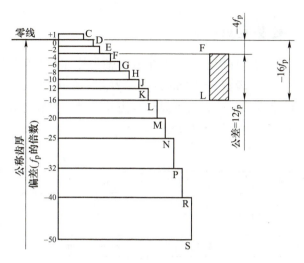

图 5-8 齿厚偏差代号

**3. 检验项目的选用**

选择检验组时，应根据齿轮的规格、用途、生产规模、精度等级、齿轮加工方式、计量仪器、检验目的等因素综合分析、合理选择，见表 5-13。选择检验组来评定齿轮的精度等级见表 5-14 推荐的齿轮检验组。

表 5-13 检验项目的选用

| 因素 | 分析 |
| --- | --- |
| 齿轮加工方式 | 产生不同的齿轮误差，相应采用不同的检验项目 |
| 齿轮精度 | 齿轮精度低，机床精度足够，由机床产生的误差可不检验；齿轮精度高，可选用综合性检验项目，反映全面的情况 |
| 检验目的 | 终结检验应选用综合性检验项目，工艺检验选用单项指标以便分析误差原因 |
| 齿轮规格 | 直径≤400mm 的齿轮放在固定仪器上检验，大尺寸齿轮一般将量具放在齿轮上检验 |
| 生产规模 | 大批量采用综合性检验项目，单件小批量生产一般采用单项检验项目 |
| 设备条件 | 选择检验项目时应考虑工厂仪器设备条件及习惯检验方法 |

表 5-14 推荐的齿轮检验组

| 检验组 | 检验项目 | 对传动性的影响 | 适用等级 | 测量仪器 |
| --- | --- | --- | --- | --- |
| 1 | $F_p$、$F_\alpha$、$F_\beta$、$F_r$、$E_{sn}$ 或 $E_{bn}$ | 影响运动的准确性 | 3～9 | 齿距仪、齿形仪、齿向仪、摆差测定仪、齿厚卡尺或公法线千分尺 |
| 2 | $F_p$ 与 $F_{pk}$、$F_\alpha$、$F_\beta$、$F_r$、$E_{sn}$ 或 $E_{bn}$ | 影响运动的准确性、载荷分布均匀性和侧隙 | 3～9 | 齿距仪、齿形仪、齿向仪、摆差测定仪、齿厚卡尺或公法线千分尺 |
| 3 | $F_{id}$、$f_{id}$、$E_{sn}$ 或 $E_{bn}$ | 影响运动的准确性、传动平稳性和侧隙 | 6～9 | 双面啮合测量仪、齿厚卡尺或公法线千分尺 |
| 4 | $f_p$、$F_r$、$E_{sn}$ 或 $E_{bn}$ | 影响运动的准确性、传动平稳性和侧隙 | 10～12 | 齿距仪、摆差测定仪、齿厚卡尺或公法线千分尺 |
| 5 | $F_{is}$、$f_{is}$、$F_\beta$、$E_{sn}$ 或 $E_{bn}$ | 影响运动的准确性、传动平稳性、载荷分布均匀性和侧隙 | 3～8 | 单啮仪、齿向仪、齿厚卡尺或公法线千分尺 |

## 任务实施

直齿圆柱齿轮减速器中输出轴齿轮如图 5-6 所示，压力角 $\alpha = 20°$，齿数 $z = 56$，模数 $m = 2.75\text{mm}$，齿宽 $b = 28\text{mm}$，内孔 $D = \phi 56\text{mm}$，转速 $v = 6.2\text{m/s}$，齿轮、箱体材料为黑色金属，单件小批量生产，要求设计小齿轮精度，并将技术要求标注在齿轮工作图上。

设计方案见表 5-15。

表 5-15　齿轮设计方案

| 序号 | 设计要素 | 设计方案 | 分　析 |
|---|---|---|---|
| 1 | 齿轮精度等级 | 7 级 | 用于机床传动，$v = 6.2\text{m/s}$，表 5-12 |
| 2 | 分度圆直径 | 209mm | $d = mz$ |
| 3 | 螺旋线总偏差 | $F_\beta = 0.018\text{mm}$ | 查表 5-8 |
| 4 | 螺旋线形状偏差 | $f_{f\beta} = 0.013\text{mm}$ | |
| 5 | 单个齿距偏差 | $f_p = \pm 0.013\text{mm}$ | 查表 5-9 |
| 6 | 齿距累积总偏差 | $F_p = 0.05\text{mm}$ | |
| 7 | 齿廓总偏差 | $F_\alpha = 0.018\text{mm}$ | |
| 8 | 径向跳动偏差 | $F_r = 0.04\text{mm}$ | |
| 9 | 公法线的公称长度 | 21.62mm | $k = \dfrac{z}{9} + 0.5\text{mm} = \dfrac{56}{9}\text{mm} + 0.5\text{mm} \approx 6.72\text{mm}$ <br> $W_k = m\cos\alpha [\pi(k - 0.5) + z\operatorname{inv}\alpha]$ <br> $= 2.75\text{mm} \times 0.94 \times [3.14 \times (3 - 0.5) + 0.014 \times 56]$ <br> $= 21.62\text{mm}$ |
| 10 | 公法线允许变化量 | 0.031mm | 表 5-9 |

标注如图 5-9 所示。

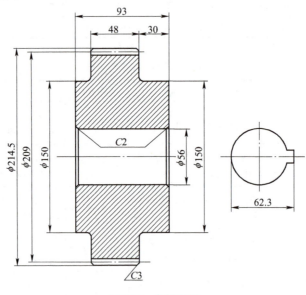

图 5-9　齿轮标注

项目5　减速器典型零件的精度设计与检测

齿轮的精度检测见表5-16。

表5-16　齿轮精度检测

| 序号 | 检测要素 | 检测方案 | 分析 |
|---|---|---|---|
| 1 | 齿距累积总偏差 | 万能测齿仪 | 保证传递运动的准确性 |
| 2 | 径向跳动 | 齿圈径向跳动检查仪 | 是一项综合误差，它除包括引起同轴度误差的轴线平移、倾斜、弯曲外，还包括同一横剖面的形状误差中的圆度误差等 |
| 3 | 径向综合误差 | 双面啮合仪 | 保证传递运动的准确性 |
| 4 | 公法线长度 | 万能测齿仪 | 控制齿厚，目的就是要保证齿轮的正常啮合 |
| 5 | 齿侧间隙 | 采用游标卡尺测量齿厚偏差 | 保证齿面间形成正常的润滑油膜，防止由于齿轮工作温度升高引起热膨胀变形致使轮齿卡住 |

## 任务评价

| 序号 | 考核项目 | 考核内容 | 检验规则 | 分值 小组自评（20%） | 小组互评（40%） | 教师评分（40%） |
|---|---|---|---|---|---|---|
| 1 | 齿轮参数 | 齿轮圆周速度 | 10分/考核点，共10分 | | | |
| | | 分度圆直径 | 10分/考核点，共10分 | | | |
| 2 | 齿轮精度 | 螺旋线总偏差 | 10分/考核点，共10分 | | | |
| | | 螺旋线形状偏差 | 10分/考核点，共10分 | | | |
| | | 单个齿距极限偏差 | 10分/考核点，共10分 | | | |
| | | 齿距累积偏差 | 10分/考核点，共10分 | | | |
| | | 齿廓总偏差 | 10分/考核点，共10分 | | | |
| | | 径向跳动 | 10分/考核点，共10分 | | | |
| 3 | 公法线 | 公称长度 | 10分/考核点，共10分 | | | |
| | | 允许变化量 | 10分/考核点，共10分 | | | |
| | 总分 | | 100分 | | | |
| | 合计 | | | | | |

## 任务5.3　键的精度设计与检测

### 任务描述

图5-10是图5-1所示的直齿圆柱齿轮减速器输出轴的结构示意图，根据使用功能选择轴与齿轮连接处的键连接类型、尺寸、公差及检测方法，并在图样上标注。

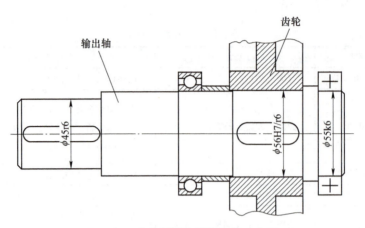

图 5-10　减速器输出轴的结构示意图

## 相关知识

### 5.3.1　键的参数认识

键连接是一种可拆连接，广泛用于轴和轴上传动件（如齿轮、带轮、链轮、联轴器等）之间的连接，以传递转矩，也可用作轴上传动件的导向连接，如用于变速箱中变速齿轮内花键与外花键的连接。本任务只讨论平键和矩形花键。

**1. 平键连接的几何参数**

平键连接由键、轴键槽和轮毂键槽三部分组成，通过键的侧面与轴键槽及轮毂键槽的侧面相互接触来传递转矩。如图 5-11 所示，在平键连接中，键和轴键槽、轮毂键槽的宽度 $b$ 是配合尺寸，应规定较严的配合公差；而键的高度 $h$ 和长度 $L$ 及轴键槽的深度 $t_1$ 皆是非配合尺寸，应给予较松的公差。

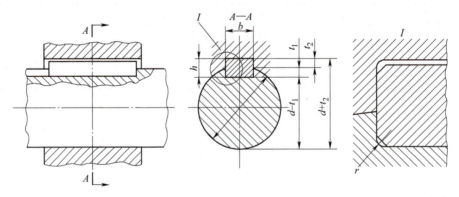

图 5-11　普通平键键槽的剖面尺寸

**2. 矩形花键的尺寸系列**

为便于加工和测量，矩形花键的键数为偶数，即 6、8、10 三种。按承载能力不同，矩形花键可分为中、轻两个系列，GB/T 1144—2001《矩形花键尺寸、公差和检验》，规定了矩形花键的主要尺寸有小径 $d$、大径 $D$、键宽和键槽宽 $B$，如图 5-12 所示。矩形花键的尺寸系列见表 5-17。

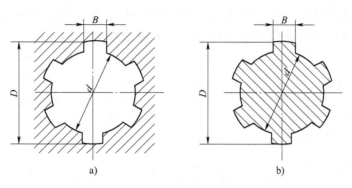

图 5-12 矩形花键的尺寸

表 5-17 矩形花键的尺寸系列（摘自 GB/T 1144—2001） （单位：mm）

| 小径 | 轻系列 | | | | 中系列 | | | |
|---|---|---|---|---|---|---|---|---|
| | 规格（$N×d×D×B$） | 键数 $N$ | 大径 $D$ | 键宽 $B$ | 规格（$N×d×D×B$） | 键数 $N$ | 大径 $D$ | 键宽 $B$ |
| 11 | — | — | — | — | 6×11×14×3 | 6 | 14 | 3 |
| 13 | — | — | — | — | 6×13×16×3.5 | 6 | 16 | 3.5 |
| 16 | — | — | — | — | 6×16×20×4 | 6 | 20 | 4 |
| 18 | — | — | — | — | 6×18×22×5 | 6 | 22 | 5 |
| 21 | — | — | — | — | 6×21×25×5 | 6 | 25 | 5 |
| 23 | 6×23×26×6 | 6 | 26 | 6 | 6×23×28×6 | 6 | 28 | 6 |
| 26 | 6×26×30×6 | 6 | 30 | 6 | 6×26×32×6 | 6 | 32 | 6 |
| 28 | 6×28×32×7 | 6 | 32 | 7 | 6×28×34×7 | 6 | 34 | 7 |
| 32 | 8×32×36×6 | 8 | 36 | 6 | 8×32×38×6 | 8 | 38 | 6 |
| 36 | 8×36×40×7 | 8 | 40 | 7 | 8×36×42×7 | 8 | 42 | 7 |
| 42 | 8×42×46×8 | 8 | 46 | 8 | 8×42×48×8 | 8 | 48 | 8 |
| 46 | 8×46×50×9 | 8 | 50 | 9 | 8×46×54×9 | 8 | 54 | 9 |
| 52 | 8×52×58×10 | 8 | 58 | 10 | 8×52×60×10 | 8 | 60 | 10 |
| 56 | 8×56×62×10 | 8 | 62 | 10 | 8×56×65×10 | 8 | 65 | 10 |
| 62 | 8×62×68×12 | 8 | 68 | 12 | 8×62×72×12 | 8 | 72 | 12 |
| 72 | 10×72×78×12 | 10 | 78 | 12 | 10×72×82×12 | 10 | 82 | 12 |
| 82 | 10×82×88×12 | 10 | 88 | 12 | 10×82×92×12 | 10 | 92 | 12 |
| 92 | 10×92×98×14 | 10 | 98 | 14 | 10×92×102×14 | 10 | 102 | 14 |
| 102 | 10×102×108×16 | 10 | 108 | 16 | 10×102×112×16 | 10 | 112 | 16 |
| 112 | 10×112×120×18 | 10 | 120 | 18 | 10×112×125×18 | 10 | 125 | 18 |

### 5.3.2 键的公差与检测

**1. 平键连接的极限与配合**

1）平键和键槽配合尺寸的公差带与配合种类。平键连接中，键由型钢制成，是标准件，因此键与键槽宽度的配合采用基轴制。国家标准规定按轴径确定键和键槽尺寸，见表5-18。

表5-18 普通型平键键槽的尺寸及公差（摘自 GB/T 1095—2003） （单位：mm）

| 轴的公称直径 d 推荐值[①] | 键尺寸 (b×h) | 键槽 宽度 b 公称尺寸 | 键槽 宽度 b 极限偏差 正常连接 轴 N9 | 键槽 宽度 b 极限偏差 正常连接 毂 JS9 | 键槽 宽度 b 极限偏差 紧密连接 轴和毂 P9 | 键槽 宽度 b 极限偏差 松连接 轴 H9 | 键槽 宽度 b 极限偏差 松连接 毂 D10 | 深度 轴 $t_1$ 公称尺寸 | 深度 轴 $t_1$ 极限偏差 | 深度 毂 $t_2$ 公称尺寸 | 深度 毂 $t_2$ 极限偏差 | 半径 r min | 半径 r max |
|---|---|---|---|---|---|---|---|---|---|---|---|---|---|
| 6~8 | 2×2 | 2 | -0.004 -0.029 | ±0.0125 | -0.006 -0.031 | +0.025 0 | +0.060 +0.020 | 1.2 | +0.10 | 1.0 | +0.10 | 0.08 | 0.16 |
| >8~10 | 3×3 | 3 |  |  |  |  |  | 1.8 |  | 1.4 |  |  |  |
| >10~12 | 4×4 | 4 | 0 -0.030 | ±0.015 | -0.012 -0.042 | +0.030 0 | +0.078 +0.030 | 2.5 | +0.10 | 1.8 | +0.10 |  |  |
| >12~17 | 5×5 | 5 |  |  |  |  |  | 3.0 |  | 2.3 |  |  |  |
| >17~22 | 6×6 | 6 |  |  |  |  |  | 3.5 |  | 2.8 |  | 0.16 | 0.25 |
| >22~30 | 8×7 | 8 | 0 -0.036 | ±0.018 | -0.015 -0.051 | +0.036 0 | +0.098 +0.040 | 4.0 |  | 3.3 |  |  |  |
| >30~38 | 10×8 | 10 |  |  |  |  |  | 5.0 |  | 3.3 |  |  |  |
| >38~45 | 12×8 | 12 | 0 -0.043 | ±0.0215 | -0.018 -0.061 | +0.043 0 | +0.120 +0.050 | 5.0 |  | 3.3 |  |  |  |
| >45~50 | 14×9 | 14 |  |  |  |  |  | 5.5 |  | 3.8 |  | 0.25 | 0.40 |
| >50~58 | 16×10 | 16 |  |  |  |  |  | 6.0 |  | 4.3 |  |  |  |
| >58~65 | 18×11 | 18 |  |  |  |  |  | 7.0 | +0.20 | 4.4 | +0.20 |  |  |
| >65~75 | 20×12 | 20 | 0 -0.052 | ±0.026 | -0.022 -0.074 | +0.52 0 | +0.149 +0.065 | 7.5 |  | 4.9 |  |  |  |
| >75~85 | 22×14 | 22 |  |  |  |  |  | 9.0 |  | 5.4 |  |  |  |
| >85~95 | 25×14 | 25 |  |  |  |  |  | 9.0 |  | 5.4 |  | 0.4 | 0.60 |
| >95~110 | 28×16 | 28 |  |  |  |  |  | 10.0 |  | 6.4 |  |  |  |
| >110~130 | 32×18 | 32 |  |  |  |  |  | 11.0 |  | 7.4 |  |  |  |
| >130~150 | 36×20 | 36 | 0 -0.062 | ±0.031 | -0.026 -0.088 | +0.062 0 | +0.180 +0.080 | 12.0 | +0.30 | 8.4 | +0.30 |  |  |
| >150~170 | 40×22 | 40 |  |  |  |  |  | 13.0 |  | 9.4 |  | 0.7 | 1.00 |
| >170~200 | 45×25 | 45 |  |  |  |  |  | 15.0 |  | 10.4 |  |  |  |
| >200~230 | 50×28 | 50 |  |  |  |  |  | 17.0 |  | 11.4 |  |  |  |

①GB/T 1095—2003 没有给出相应轴颈的公称直径，此栏为根据一般受力情况推荐的轴的公称直径值。

GB/T 1096—2003 对键的宽度规定一种公差带 h8，对轴和轮毂键槽的宽度各规定三种公差带，以满足各种用途的需要。键宽度公差带分别与三种键槽宽度公差带形成三组配合，如

图 5-13 所示。它们的配合性质及应用见表 5-19。

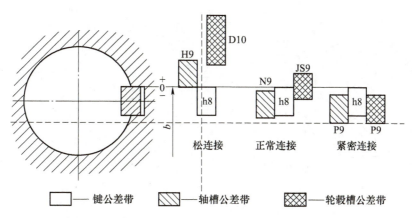

图 5-13 平键连接键宽度与三种键槽宽度公差带示意图

表 5-19 平键连接的配合性质及应用

| 配合种类 | 尺寸 $b$ 的公差 | | | 配合性质及应用 |
| --- | --- | --- | --- | --- |
| | 键 | 轴槽 | 轮毂槽 | |
| 松连接 | h8 | H9 | D10 | 键在轴上及轮毂中均能滑动。主要用于导向键,轮毂可在轴上做轴向移动 |
| 正常连接 | h8 | N9 | JS9 | 键在轴上及轮毂中均固定。用于载荷不大的场合 |
| 紧密连接 | h8 | P9 | P9 | 键在轴上及轮毂中均固定,而比上一种配合更紧。主要用于载荷较大、载荷具有冲击性及双向传递转矩的场合 |

2)键槽的几何公差。键与键槽配合的松紧程度不仅取决于它们的配合尺寸公差带,还与它们配合表面的几何误差有关,因此应分别规定轴键槽宽度的中心平面对轴的基准轴线和轮毂键槽宽度的中心平面对孔的基准轴线的对称度公差。该对称公差与键槽宽度的尺寸公差及孔、轴尺寸公差的关系可以采用独立原则或最大实体要求。键槽对称度公差采用独立原则时,使用普通计量器具测量;键槽对称度公差采用最大实体要求时,应使用位置量规检验。对称度公差等级可为 7~9 级。

3)平键和键槽的表面粗糙度要求。键和键槽的表面粗糙度参数 $Ra$ 的上限值一般按如下范围选取:配合表面取为 $1.6 \sim 6.3 \mu m$,非配合表面取为 $12.5 \mu m$。

4)键槽尺寸和公差在图样上的标注。轴键槽和轮毂键槽剖面尺寸及其公差带、键槽的几何公差和表面粗糙度要求在图样上的标注如图 5-14 所示。图 5-14a 中对称度公差采用独立原则,图 5-14b 中对称度公差采用最大实体要求。

5)平键轴槽与毂槽的测量。键和键槽的尺寸可以用千分尺、游标卡尺等普通计量器具来测量。键槽宽度可以用量块或极限量规来检验。

如图 5-15a 所示,轴键槽对基准轴线的对称度公差采用独立原则。这时键槽对称度误

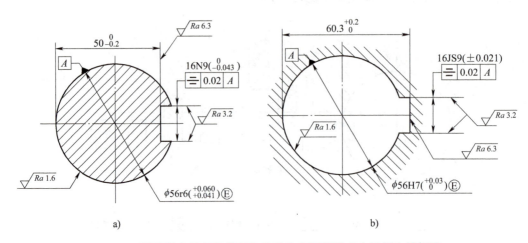

图 5-14 轴键槽和轮毂键槽几何公差和表面粗糙度在图样上的标注

差可按图 5-15b 所示的方法来测量。被测零件（轴）以其基准部位放置在 V 形支承座上，以平板作为测量基准，用 V 形支承座体现轴的基准轴线，它平行于平板；用 V 形块（或量块）模拟体现键槽中心平面；将置于平板上的指示器的测头与 V 形块的顶面接触，沿 V 形块的一个横截面移动，并稍微转动被测零件来调整 V 形块的位置，使指示器沿 V 形块这个横截面移动的过程中示值始终稳定为止，因而确定 V 形块的这个横截面内的素线平行于平板。

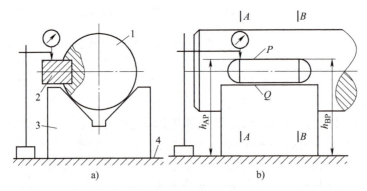

图 5-15 轴键槽对称度误差测量
1—工件 2—量规 3—V 形块 4—平板

如图 5-16a 所示，轴键槽对称度公差与键槽宽度的尺寸公差的关系采用最大实体要求，而该对称度公差与轴径的尺寸公差的关系采用独立原则。这时键槽对称误差可用图 5-16b 所示的量规检验。该量规以其 V 形表面作为定心表面体现基准轴线，来检验键槽对称度误差，若 V 形表面与轴表面接触且量杆能够进入被测键槽，则表示合格。

如图 5-17a 所示，轮毂键槽对称度公差与键槽宽度的尺寸公差及基准孔孔径的尺寸公差的关系皆采用最大实体要求。这时，键槽对称度误差可用图 5-17b 所示的键槽对称度量规检验。

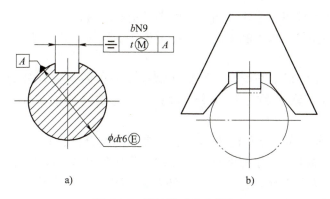

图 5-16 轴键槽对称度量规

该量规以圆柱面作为定位表面模拟体现基准轴线,来检验键槽对称度误差,若它能够同时自由通过轮毂的基准孔和被测键槽,则表示合格。

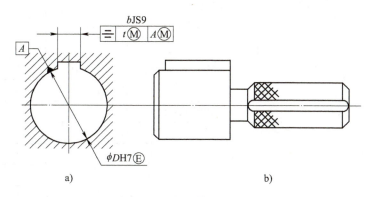

图 5-17 轮毂键槽对称度量规

**2. 矩形花键的公差及检测**

1)矩形花键连接的几何参数和定心方式。矩形花键连接可以有三种定心方式:小径 $d$ 定心、大径 $D$ 定心和键侧(键槽侧)$B$ 定心,如图 5-18 所示。前两种定心方式的定心精度比后一种方式的高。而键和键槽的侧面无论是否作为定心表面,其宽度尺寸 $B$ 都应具有足够的精度,因为它们要传递转矩和导向。此外,非定心直径表面之间应该有足够的间隙。

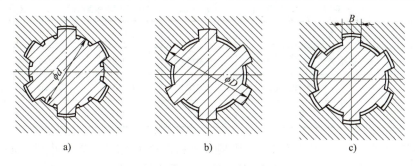

图 5-18 矩形花键定心方式
a)小径定心 b)大径定心 c)键侧定心

GB/T 1144—2001 规定矩形花键连接采用小径定心。这是因为随着科学技术的发展，现代工业对机械零件的质量要求不断提高，对花键连接的机械强度、硬度、耐磨性和几何精度的要求都提高了。

2) 矩形花键连接的极限与配合。矩形花键连接的极限与配合分为两种情况：一种为一般用途矩形花键，另一种为精密传动用矩形花键。其内、外花键的尺寸公差带见表 5-20。

3) 几何公差要求。内、外花键是具有复杂表面的结合件，且键长与键宽的比值较大，因此还需有几何公差要求。国家标准对矩形花键的几何公差做了以下规定：

① 为了保证定心表面的配合性质，内、外花键小径（定心直径）的尺寸公差和几何公差的关系必须采用包容要求。

表 5-20　矩形花键的尺寸公差带（摘自 GB/T 1144—2001）

| 内花键 | | | | 外花键 | | | |
|---|---|---|---|---|---|---|---|
| $d$ | $D$ | $B$ | | $d$ | $D$ | $B$ | 装配型式 |
| | | 拉削后不热处理 | 拉削后热处理 | | | | |
| 一般用 | | | | | | | |
| H7 | H10 | H9 | H11 | f7 | a11 | d10 | 滑动 |
| | | | | g7 | | f9 | 紧滑动 |
| | | | | h7 | | h10 | 固定 |
| 精密传动用 | | | | | | | |
| H5 | H10 | H7、H9 | | f5 | a11 | d8 | 滑动 |
| | | | | g5 | | f7 | 紧滑动 |
| | | | | h5 | | h8 | 固定 |
| H6 | | | | f6 | | d8 | 滑动 |
| | | | | g6 | | f7 | 紧滑动 |
| | | | | h6 | | h8 | 固定 |

② 在大批量生产时，采用花键综合量规来检验矩形花键，因此对键宽需要遵守最大实体要求。对键和键槽只需要规定位置度公差。位置度公差见表 5-21，图样标注如图 5-19 所示。

表 5-21　矩形花键位置度公差（摘自 GB/T 1144—2001）　　（单位：mm）

| 键槽宽或键宽 $B$ | | | 3 | 3.5~6 | 7~10 | 12~18 |
|---|---|---|---|---|---|---|
| 位置度公差 $t_1$ | 键槽宽 | | 0.010 | 0.015 | 0.020 | 0.025 |
| | 键宽 | 滑动、固定 | 0.010 | 0.015 | 0.020 | 0.025 |
| | | 紧滑动 | 0.006 | 0.010 | 0.013 | 0.016 |

若是规定对称度公差（见表 5-22），则应注意键宽的对称度公差与小径定心表面的尺寸公差关系应遵守独立原则。内、外矩形花键的对称度公差的图样标注如图 5-20 所示。另外，对于较长花键，可根据产品性能自行规定键侧对轴线的平行度公差。

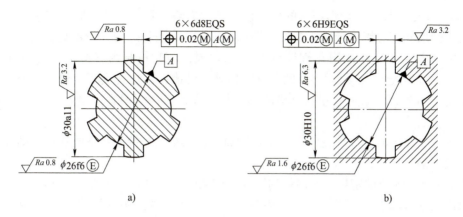

**图 5-19 矩形花键位置度公差标注**
a) 外花键   b) 内花键

**表 5-22 矩形花键对称度公差**（摘自 GB/T 1144—2001） （单位：mm）

| 键槽宽或键宽 B | | 3 | 3.5~6 | 7~10 | 12~18 |
|---|---|---|---|---|---|
| 对称度公差 $t_2$ | 一般用 | 0.010 | 0.012 | 0.015 | 0.0018 |
| | 精密传动用 | 0.006 | 0.008 | 0.009 | 0.001 |

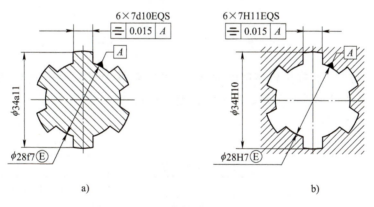

**图 5-20 矩形花键对称度公差标注**
a) 外花键   b) 内花键

4) 表面粗糙度要求。矩形花键各结合面的表面粗糙度要求见表 5-23。

**表 5-23 矩形花键表面粗糙度推荐值** （单位：μm）

| 加工表面 | 内花键 | 外花键 |
|---|---|---|
| | Ra 不大于 | |
| 大径 | 6.3 | 3.2 |
| 小径 | 0.8 | 0.8 |
| 键侧 | 3.2 | 0.8 |

5) 矩形花键的检测。矩形花键的检测包括尺寸检验和几何误差检验。在单件小批量生产中，花键的尺寸和位置误差用千分尺、游标卡尺、指示表等通用计量器具分别测量。在大批量生产中，内（外）花键用花键综合塞（环）规，同时检验内（外）花键的小径、大径、各键槽宽（键宽）、大径对小径的同轴度和键（键槽）的位置度等项目。此外，还要用单项止端塞（卡）规或普通计量器具检测其小径、大径、各键槽宽（键宽）的实际尺寸是否超越其最小实体尺寸。

检测内、外花键时，如果花键综合量规能通过，而单项止端量规不能通过，则表示被测内、外花键合格。反之，即为不合格。

图 5-21a 所示为花键塞规，其前端的圆柱面用来引导塞规进入内花键，其后端的花键则用来检验内花键各部位。图 5-21b 所示为花键环规，其前端的圆孔用来引导环规进入外花键，其后端的花键则用来检验外花键各部位。

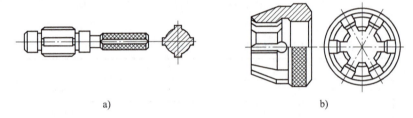

图 5-21　矩形花键位置量规
a) 花键塞规　b) 花键环规

## 任务实施

图 5-10 所示的直齿圆柱齿轮减速器输出轴，两端轴承为 6211 深沟球轴承，轻载荷，选择该轴与齿轮连接处的键连接类型、尺寸、公差及检测方法。

设计方案见表 5-24。

表 5-24　键连接的设计方案

| 序号 | 设计要素 | 设计方案 | 分析 |
|---|---|---|---|
| 1 | 键类型 | A 型平键 | 齿轮与轴对中性好，为保证啮合，选用平键连接 |
| 2 | 键尺寸 | $b = 16\text{mm}$ | 配合选择一般连接，查表 5-19，极限偏差值查表 5-18 得出 |
| 3 |  | $h = 10\text{mm}$ |  |
| 4 | 键宽公差 | h8 |  |
| 5 | 轴槽宽公差 | N9 |  |
| 6 | 轮毂槽宽公差 | JS9 |  |
| 7 | 键槽对轴线的对称度公差 | 8 | 查表 3-20 对称度公差值 |
| 8 | 键槽配合表面的粗糙度 | $Ra \geq 1.6 \sim 6.3 \mu m$ | 查表 4-5 不同表面微观特性和不同加工方法的表面粗糙度应用实例 |
| 9 | 非配合表面粗糙度 | $Ra \geq 6.3 \sim 12.5 \mu m$ |  |

平键标注如图 5-22 所示。

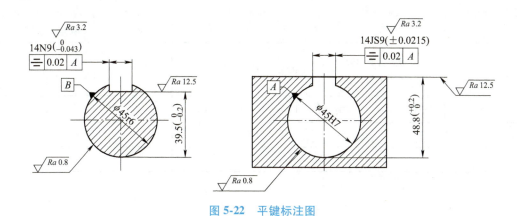

图 5-22　平键标注图

检测方案见表 5-25。

表 5-25　减速器输出轴的键连接的检测方案

| 序号 | 检测要素 | 检测方案 | 分析 |
| --- | --- | --- | --- |
| 1 | 键槽宽度 14mm | 量程为 0～150mm，分度值为 0.002mm 的游标卡尺 | 根据被测内表面和高度尺寸选择常规游标卡尺 |
| 2 | 键槽高度 39.5mm | | |
| 3 | 键槽对称度 | 对称度量规 | 选择对称度的测量量规 |
| 4 | φ56 轴外圆表面粗糙度 $Ra=0.8\mu m$ | 选用六组式比较样块里的外磨 $Ra0.8\mu m$ 进行比对，判断是否合格 | φ56 外圆车削加工完成 |
| 5 | 键槽侧表面粗糙度 $Ra=3.2\mu m$ | 选用六组式比较样块里的车床 $Ra3.2\mu m$ 进行比对，判断是否合格 | 两键槽侧面立铣完成 |

## 任务评价

| 序号 | 考核项目 | 考核内容 | 检验规则 | 分值 | | |
| --- | --- | --- | --- | --- | --- | --- |
| | | | | 小组自评（20%） | 小组互评（40%） | 教师评分（40%） |
| 1 | 键的基本参数 | 键的类型 | 15 分/考核点，共 15 分 | | | |
| | | 键的尺寸 | 15 分/考核点，共 15 分 | | | |
| 2 | 键的公差 | 键宽公差 | 10 分/考核点，共 10 分 | | | |
| | | 轴槽宽公差 | 10 分/考核点，共 10 分 | | | |
| | | 轴槽的极限偏差 | 10 分/考核点，共 10 分 | | | |
| | | 轮毂槽公差 | 10 分/考核点，共 10 分 | | | |
| | | 轮毂槽的极限偏差 | 10 分/考核点，共 10 分 | | | |

（续）

| 序号 | 考核项目 | 考核内容 | 检验规则 | 分值 小组自评（20%） | 小组互评（40%） | 教师评分（40%） |
|---|---|---|---|---|---|---|
| 3 | 表面粗糙度 | 键槽配合表面的表面粗糙度 | 10 分/考核点，共 10 分 | | | |
| | | 非配合表面的表面粗糙度 | 10 分/考核点，共 10 分 | | | |
| | 总分 | | 100 分 | | | |
| | 合计 | | | | | |

## 任务 5.4　普通螺纹的精度设计与检测

### 任务描述

根据图 5-1 所示一级直齿圆柱齿轮减速器的实际情况，如何选择螺栓与箱体螺孔连接的公差等级、旋合长度和螺纹精度？如何对螺纹的精度进行检测？

### 相关知识

#### 5.4.1　螺纹的参数认识

**1. 螺纹的种类及特点**

1）普通螺纹，主要用于连接和紧固零件，是应用最为广泛的一种螺纹，分粗牙和细牙两种。

2）传动螺纹，主要用于传递精确的位移、动力和运动。对这类螺纹结合的主要要求是传动准确、可靠，螺牙接触良好及耐磨等。

3）密封螺纹，用于密封的螺纹连接。对这类螺纹结合的主要要求是具有良好的旋合性及密封性。

**2. 螺纹的参数**

1）普通螺纹的基本牙型。普通螺纹的基本牙型是指在原始的等边三角形基础上，削去顶部和底部所形成的螺纹牙型。该牙型具有螺纹的基本尺寸，如图 5-23 所示。普通螺纹的基本尺寸见表 5-26。

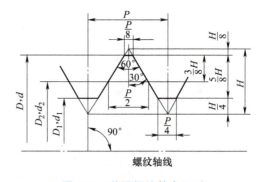

图 5-23　普通螺纹基本牙型

## 表 5-26 普通螺纹的基本尺寸

| 公称直径（大径）$D$、$d$ | 螺距 $P$ | 中径 $D_2$、$d_2$ | 小径 $D_1$、$d_1$ | 公称直径（大径）$D$、$d$ | 螺距 $P$ | 中径 $D_2$、$d_2$ | 小径 $D_1$、$d_1$ |
|---|---|---|---|---|---|---|---|
| 5 | 0.8 | 4.480 | 4.134 | 18 | 2.5 | 16.376 | 15.294 |
|  | 0.5 | 4.675 | 4.459 |  | 2 | 16.701 | 15.835 |
| 5.5 | 0.5 | 5.175 | 4.959 |  | 1.5 | 17.026 | 16.376 |
| 6 | 1 | 5.350 | 4.917 |  | 1 | 17.350 | 16.917 |
|  | 0.75 | 5.513 | 5.188 | 20 | 2.5 | 18.376 | 17.294 |
| 7 | 1 | 6.350 | 5.917 |  | 2 | 18.701 | 17.835 |
|  | 0.75 | 6.513 | 6.188 |  | 1.5 | 19.026 | 18.376 |
| 8 | 1.25 | 7.188 | 6.647 |  | 1 | 19.350 | 18.917 |
|  | 1 | 7.350 | 6.917 | 22 | 2.5 | 20.376 | 19.294 |
|  | 0.75 | 7.513 | 7.188 |  | 2 | 10.701 | 19.835 |
| 9 | 1.25 | 8.188 | 7.647 |  | 1.5 | 21.026 | 20.376 |
|  | 1 | 8.350 | 7.917 |  | 1 | 21.350 | 20.917 |
|  | 0.75 | 8.513 | 8.188 | 24 | 3 | 22.051 | 20.752 |
| 10 | 1.5 | 9.026 | 8.376 |  | 2 | 22.701 | 21.835 |
|  | 1.25 | 9.188 | 8.647 |  | 1.5 | 23.026 | 22.376 |
|  | 1 | 9.350 | 8.917 |  | 1 | 23.350 | 22.917 |
|  | 0.75 | 9.513 | 9.188 | 25 | 2 | 23.701 | 22.835 |
| 11 | 1.5 | 10.026 | 9.376 |  | 1.5 | 24.026 | 23.376 |
|  | 1 | 10.350 | 9.917 |  | 1 | 24.350 | 23.917 |
|  | 0.75 | 10.513 | 10.188 | 26 | 1.5 | 25.026 | 24.376 |
| 12 | 1.75 | 10.863 | 10.106 | 27 | 3 | 25.051 | 23.752 |
|  | 1.5 | 11.026 | 10.376 |  | 2 | 25.701 | 24.835 |
|  | 1.25 | 11.188 | 10.647 |  | 1.5 | 26.026 | 25.376 |
|  | 1 | 11.350 | 10.917 |  | 1 | 26.350 | 25.917 |
| 14 | 2 | 12.701 | 11.835 | 28 | 2 | 26.701 | 25.835 |
|  | 1.5 | 13.026 | 12.376 |  | 1.5 | 27.026 | 26.376 |
|  | 1.25 | 13.188 | 12.647 |  | 1 | 27.350 | 26.917 |
|  | 1 | 13350.000 | 12.917 | 30 | 3.5 | 27.727 | 26.211 |
| 15 | 1.5 | 14.026 | 13.376 |  | 3 | 28.051 | 26.752 |
|  | 1 | 14.350 | 13.917 |  | 2 | 28.701 | 27.835 |
| 16 | 2 | 14.701 | 13.835 |  | 1.5 | 29.026 | 28.376 |
|  | 1.5 | 15.026 | 14.376 |  | 1 | 29.350 | 28.917 |
|  | 1 | 15.350 | 14.917 | 32 | 2 | 30.701 | 29.835 |
| 17 | 1.5 | 16.026 | 15.376 |  | 1.5 | 31.026 | 30.376 |
|  | 1 | 16.350 | 15.917 |  |  |  |  |

2）普通螺纹的主要参数见表 5-27。

表 5-27 普通螺纹主要参数

| 参数 | 符号 | 描述 | 图示 |
|---|---|---|---|
| 公称大径 | $d$, $D$ | 大径是与外螺纹牙顶或内螺纹牙底相切的假想圆柱的直径。国家标准规定，普通螺纹大径的公称尺寸为螺纹的公称直径 | 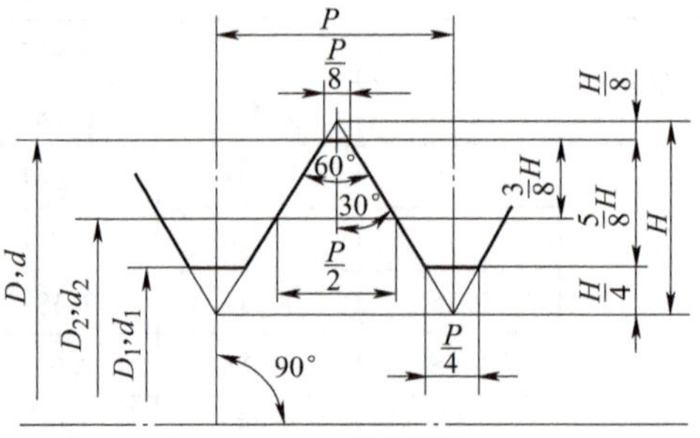 |
| 公称小径 | $d_1$, $D_1$ | 小径是与外螺纹牙底或内螺纹牙顶相切的假想圆柱的直径 | |
| 公称中径 | $d_2$, $D_2$ | 中径是一个假想圆柱的直径，该圆柱的素线通过螺纹牙型上沟槽和凸起宽度相等的地方 | |
| 螺距 | $P$ | 螺距是相邻两牙在中径线对应两点间的轴向距离 | |
| 单一中径 | $da$, $Da$ | 单一中径是一个假想圆柱的直径，该圆柱的素线通过牙型上沟槽宽度等于基本螺距一半的地方 | |
| 导程 | $Ph$ | 导程是指同一螺旋线上的相邻两牙在中径线上对应两点间的轴向距离。对单线螺纹，导程与螺距同值；对多线螺纹，导程等于螺距 $P$ 与螺纹线数 $n$ 的乘积，即导程 $Ph=nP$ | — |
| 牙型角（牙型半角） | $\alpha$ ($\alpha/2$) | 牙型角是螺纹牙型上相邻两牙侧间的夹角，牙型半角是牙型角的一半 | 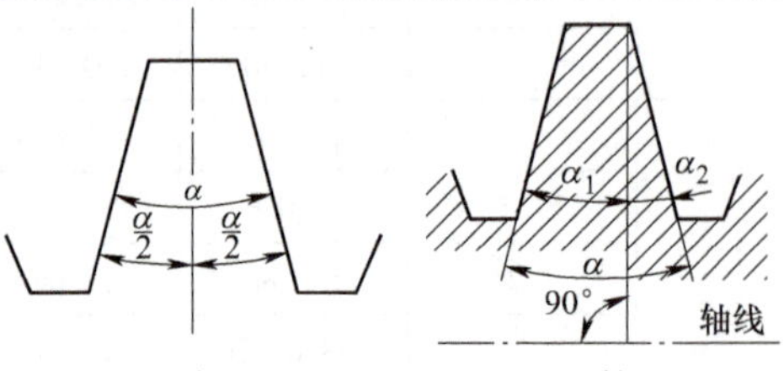 |
| 螺纹旋合长度 | — | 两个相互配合的螺纹，沿螺纹轴线方向上相互旋合部分的长度 | 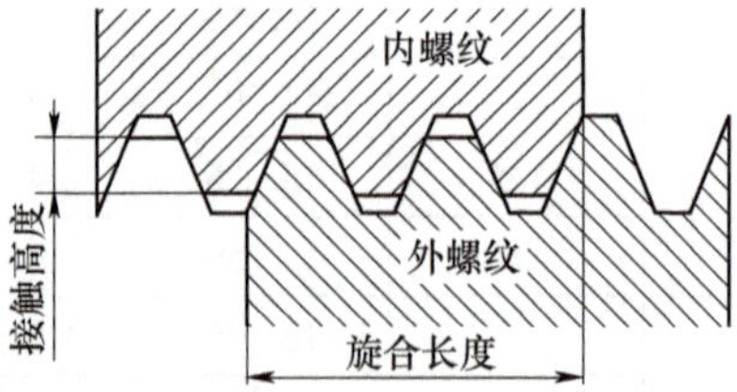 |
| 螺纹接触高度 | — | 两个相互配合的螺纹牙型上，牙侧重合部分在垂直于螺纹轴线方向上的距离 | |

### 3. 普通螺纹的标记及标注

1) 普通螺纹的标记。普通螺纹即普通用途的螺纹（代号 M），单线普通螺纹占大多数，其标记样式如图 5-24 所示。

2) 普通螺纹的标注。普通螺纹标注如图 5-25 所示。

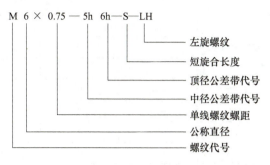

图 5-24 螺纹标记样式

### 5.4.2 普通螺纹的公差与检测

#### 1. 螺纹精度

1) 普通螺纹公差的基本结构。螺纹公差带由构成公差带大小的公差等级和确定公差带位置的基本偏差组成，结合内外螺纹的旋合长度，一起形成不同的螺纹精度。

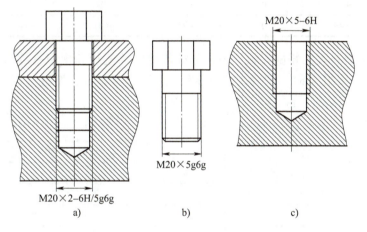

图 5-25 普通螺纹标注样式

a) 螺纹连接标注  b) 外螺纹标注  c) 内螺纹标注

2) 螺纹的公差等级。国家标准对内、外螺纹规定了不同的公差等级，各公差等级中，3 级最高，9 级最低，其中 6 级为基本级，见表 5-28。螺纹的公差值是由经验公式计算而来的。

表 5-28 螺纹公差等级

| 螺纹直径 | 公差等级 |
| --- | --- |
| 内螺纹小径 $D_1$ | 4、5、6、7、8 |
| 内螺纹中径 $D_2$ | 4、5、6、7、8 |
| 外螺纹大径 $d_1$ | 4、6、8 |
| 外螺纹中径 $d_2$ | 3、4、5、6、7、8、9 |

3) 螺纹的基本偏差。螺纹公差带的位置是由基本偏差确定的。在普通螺纹标准中，对内螺纹规定了代号为 G、H 的两种基本偏差，对外螺纹规定了代号为 e、f、g、h 的四种基本偏差，见表 5-29。H、h 的基本偏差为零，G 的基本偏差为正值，e、f、g 的基本偏差为负值。

表 5-29　内、外螺纹的基本偏差（摘自 GB/T 197—2018）　　（单位：μm）

| 螺距 P/mm | 内螺纹 | | 外螺纹 | | | |
|---|---|---|---|---|---|---|
| | G | H | e | f | g | h |
| | EI | | es | | | |
| 0.75 | +22 | 0 | −56 | −38 | −22 | 0 |
| 0.8 | +24 | 0 | −60 | −38 | −24 | 0 |
| 1 | +26 | 0 | −60 | −40 | −26 | 0 |
| 1.25 | +28 | 0 | −63 | −42 | −28 | 0 |
| 1.5 | +32 | 0 | −67 | −45 | −32 | 0 |
| 1.75 | +34 | 0 | −71 | −48 | −34 | 0 |
| 2 | +38 | 0 | −71 | −52 | −38 | 0 |
| 2.5 | +42 | 0 | −80 | −58 | −42 | 0 |
| 3 | +48 | 0 | −85 | −63 | −48 | 0 |

4）螺纹的旋合长度与精度等级。国家标准按螺纹的直径和螺距将旋合长度分为三组，分别称为短旋合长度组（S）、中等旋合长度组（N）和长旋合长度组（L）。普通螺纹旋合长度见表 5-30。

表 5-30　普通螺纹的旋合长度（摘自 GB/T 197—2018）　　（单位：mm）

| 公称直径 D、d | | 螺距 P | 旋合长度 | | | |
|---|---|---|---|---|---|---|
| | | | S | N | | L |
| > | ≤ | | ≤ | > | ≤ | > |
| 5.6 | 11.2 | 0.75 | 2.4 | 2.4 | 7.1 | 7.1 |
| | | 1 | 3 | 3 | 9 | 9 |
| | | 1.25 | 4 | 4 | 12 | 12 |
| | | 1.5 | 5 | 5 | 15 | 15 |
| 11.2 | 22.4 | 1 | 3.8 | 3.8 | 11 | 11 |
| | | 1.25 | 4.5 | 4.5 | 13 | 13 |
| | | 1.5 | 5.6 | 5.6 | 16 | 16 |
| | | 1.75 | 6 | 6 | 18 | 18 |
| | | 2 | 8 | 8 | 24 | 24 |
| | | 2.5 | 10 | 10 | 30 | 30 |
| 22.4 | 45 | 1 | 4 | 4 | 12 | 12 |
| | | 1.5 | 6.3 | 6.3 | 19 | 19 |
| | | 2 | 8.5 | 8.5 | 25 | 25 |
| | | 3 | 12 | 12 | 36 | 36 |
| | | 3.5 | 15 | 15 | 45 | 45 |
| | | 4 | 18 | 18 | 53 | 53 |
| | | 4.5 | 21 | 21 | 63 | 63 |

国家标准按螺纹公差等级和旋合长度将螺纹精度分为精密、中等和粗糙三级。螺纹精度等级的高低代表着螺纹加工的难易程度。精密级用于精密螺纹,要求配合性质变动小时采用;中等级用于一般用途的机械和构件;粗糙级用于精度要求不高或制造比较困难的螺纹。

一般以中等旋合长度下的 6 级公差等级作为中等精度,精密级与粗糙级都与此相比较。

5)螺纹的公差带及选用。在选用螺纹公差带时,宜优先按表 5-31 的规定选取。如果不知道螺纹旋合长度的实际值(如标准螺栓),推荐按中等旋合长度(N)选取螺纹公差带。内、外螺纹牙底实际轮廓上的任何点不应超越按基本牙型和公差带位置所确定的最大实体牙型。

表 5-31 内、外螺纹的常用公差带(摘自 GB/T 197—2018)

| 精度等级 | 内螺纹选用公差带 | | | 外螺纹选用公差带 | | |
|---|---|---|---|---|---|---|
| | S | N | L | S | N | L |
| 精密 | 4H | 4H5H | 5H6H | (3h4h) | 4h* | 5h4h |
| 中等 | 5H* | 6H* | 7H* | (5h6h) | 6h* 6f* | (7h6h) |
| | (5G) | (6G) | (7G) | (5g6g) | 6g* | (7g6g) |
| 粗糙 | — | 7H | — | — | 8h | — |
| | | (7G) | | | (8g) | |

① 带方框并带 * 的公差带优先选用,括号内的公差带尽量不选用。
② 带方框并带 * 的公差带用于大量生产的紧固件螺纹。

**2. 螺纹精度的检测**

螺纹精度的检测方法见表 5-32。

表 5-32 螺纹精度的检测方法

| 方法 | | 描述 | 图示 |
|---|---|---|---|
| 综合检验 | | 通常采用螺纹量规检验螺纹的合格性 | 塞规测内螺纹 |
| | | | 环规测外螺纹 |
| 单项测量 | 螺纹千分尺 | 螺纹千分尺是测量低精度螺纹的量具。将一对符合被测螺纹牙型角和螺距的锥形测头 3 和 V 形槽测头 2,分别插入千分尺两测头的位置,以测量螺纹中径。将锥形测头和 V 形槽测头安装在内径千分尺上,也可以测量内螺纹。为了满足不同螺距的被测螺纹的需要,螺纹千分尺带有一套可更换的不同规格的测头 | 1—千分尺身 2—V 形槽测头 3—锥形测头 4—测微螺杆 |

(续)

| 方法 | | 描述 | 图示 |
|---|---|---|---|
| 单项测量 | 三针量法 | 三针量法是一种间接测量方法，主要用于测量精密螺纹（如丝杠、螺纹塞规）的中径。将三针放入螺纹牙槽中，先将两根针放在螺纹同侧相邻的两个牙槽中，然后把另一根针沿着螺纹的旋向放到对面，这根针应该处在另外两根针的正中间位置。旋转微分筒，使千分尺两个测量面与三针接触（一定要与三针的工作面进行接触），然后读 $M$ 数值并进行记录<br>以同样的方法，在同一截面相互垂直的两个方向上测量 $M$ 值 | 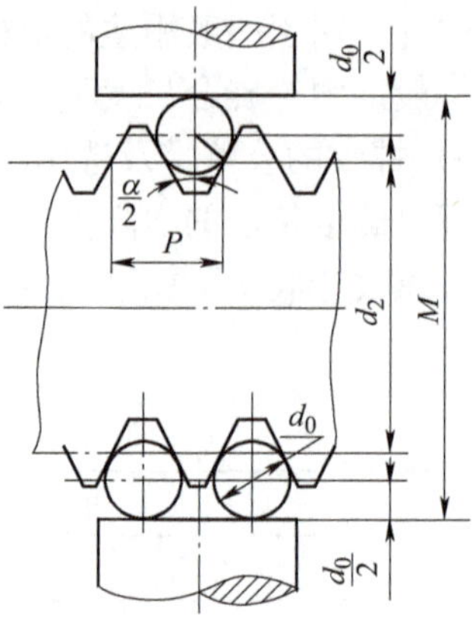 |
| | 工具显微镜 | 此测量属于影像法测量，用工具显微镜将被测螺纹的牙型轮廓放大成像，按被测螺纹的影像来测量螺纹的各种参数 | 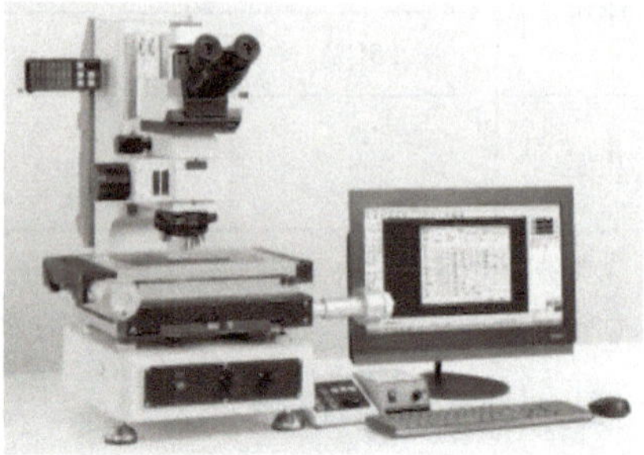 |

### 任务实施

根据减速器输出轴的工况条件，采用类比法，参考表 5-28~表 5-31 分别选择：相互配合处为普通粗牙螺纹；内外螺纹公差等级为 6 级，内螺纹的中径和顶径公差带代号均为 6H，外螺纹的中径和顶径公差带代号均为 6g；中等旋合长度；中等螺纹精度等级；螺纹牙齿表面粗糙度 $Ra$ 值不允许大于 3.2μm；采用螺纹极限量规测量。

### 任务评价

| 序号 | 考核项目 | 考核内容 | 检验规则 | 分值 | | |
|---|---|---|---|---|---|---|
| | | | | 小组自评（20%） | 小组互评（40%） | 教师评分（40%） |
| 1 | 螺纹 | 粗细牙 | 10 分/考核点，共 10 分 | | | |
| 2 | 键的公差 | 公差等级 | 15 分/考核点，共 15 分 | | | |
| 3 | 内螺纹 | 中径公差带代号 | 10 分/考核点，共 10 分 | | | |
| | | 顶径公差带代号 | 10 分/考核点，共 10 分 | | | |

（续）

| 序号 | 考核项目 | 考核内容 | 检验规则 | 分值 小组自评（20%） | 分值 小组互评（40%） | 分值 教师评分（40%） |
|---|---|---|---|---|---|---|
| 4 | 外螺纹 | 中径公差带代号 | 10分/考核点，共10分 | | | |
|   |       | 顶径公差带代号 | 10分/考核点，共10分 | | | |
| 5 | 螺纹旋合 | 旋合长度 | 10分/考核点，共10分 | | | |
| 6 | 螺纹表面 | 表面粗糙度 | 15分/考核点，共15分 | | | |
| 7 | 螺纹检测 | 检测工具 | 10分/考核点，共10分 | | | |
| 总分 | | | 100分 | | | |
| 合计 | | | | | | |

## 拓展知识　圆锥的精度设计与检测

圆锥配合的应用场合有哪些？圆锥配合的特点是什么？如何选择圆锥的公差项目？如何检测圆锥的精度？

**1. 圆锥的参数认识**

（1）圆锥配合的特点

1）相互配合的内、外圆锥在轴向力的作用下，能自动对准中心，保证内、外圆锥轴线具有较高的同轴度，且拆卸方便。

2）配合间隙或过盈的大小可以通过内、外圆锥的轴向相对移动来调整。

3）内、外圆锥表面经过配对研磨后，配合具有良好的自锁性和密封性。圆锥配合由于影响互换性的参数比较复杂，加工和检测比较麻烦，所以应用不如圆柱配合广泛。

（2）圆锥配合中的基本参数

圆锥配合中圆锥的基本参数见表5-33。一般用途圆锥的锥度与锥角见表5-34。

表5-33　圆锥的基本参数

| 参数 | | 符号 | 描述 | 图示 |
|---|---|---|---|---|
| 圆锥角 | | $\alpha$ | 指在通过圆锥轴线的截面内，两条素线之间的夹角 | 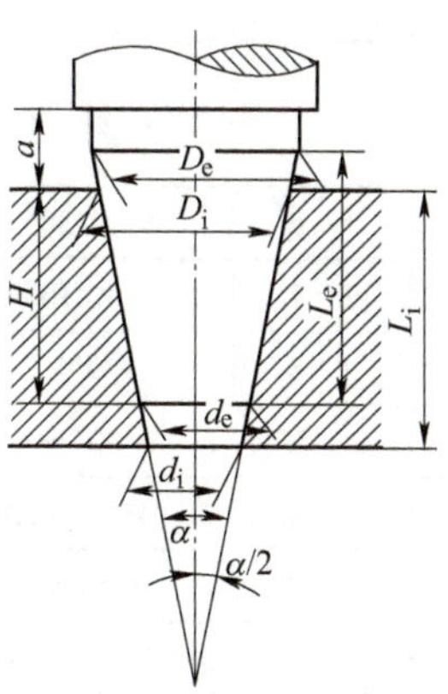  |
| 圆锥素线角 | | $\alpha/2$ | 指圆锥素线与其轴线的夹角，它等于圆锥角之半 | |
| 圆锥直径 | 内（外）圆锥的最大直径 | $D_i(D_e)$ | 指与圆锥轴线垂直截面内的直径 | |
| | 内（外）圆锥的最小直径 | $d_i(d_e)$ | | |
| 内（外）圆锥长度 | | $L_i(L_e)$ | 指圆锥最大直径与最小直径所在截面之间的轴向距离 | |

(续)

| 参数 | 符号 | 描述 | 图示 |
|---|---|---|---|
| 锥度 | C | 指圆锥最大直径与最小直径之差与圆锥长度之比 | 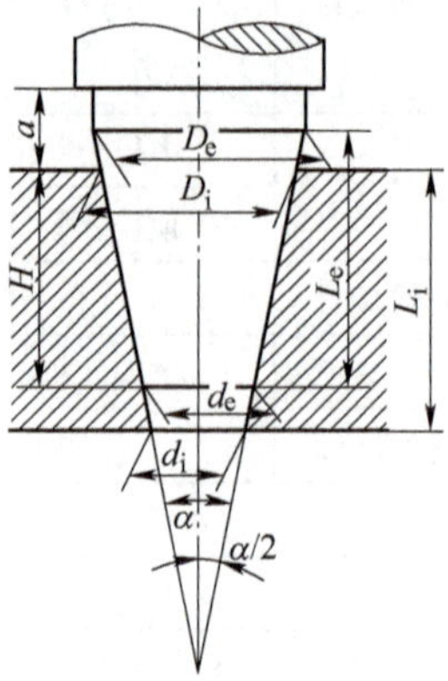 |
| 圆锥配合长度 | H | 指内、外圆锥配合面间的轴向距离 | |
| 基面距 | a | 指相互配合的内、外圆锥基面间的距离 | |
| 基本圆锥 | | 为设计给定的圆锥，在该圆锥上，所有几何参数均为其基本值 | |

表 5-34  一般用途圆锥的锥度与锥角

| 基本值 | | 推算值 | | 应用举例 |
|---|---|---|---|---|
| 系列 1 | 系列 2 | 圆锥角 α | 锥度 C | |
| 120° | — | — | 1∶0.288675 | 节气阀、汽车和拖拉机阀门 |
| 90° | — | — | 1∶0.500000 | 重型顶尖、重型中心孔、阀的阀销锥体、埋头螺钉、小于 10mm 的丝锥 |
| | 75° | — | 1∶0.651613 | 顶尖、中心孔、弹簧夹头、埋头钻、埋头与半埋头铆钉 |
| 60° | — | — | 1∶0.866025 | 摩擦轴节、弹簧卡头、平衡块 |
| 45° | — | — | 1∶1.207107 | 受力方向垂直于轴线的连接 |
| 30° | — | — | 1∶1.866025 | 受力方向垂直于轴线的连接、锥形摩擦离合器、磨床主轴 |
| 1∶3 | | 18°55′28.7″ | 18.924644° | — | 重型机床主轴 |
| | 1∶4 | 14°15′0.1″ | 14.250033° | — | 受轴向力和扭矩力的连接处，主轴承受轴向力调节套筒 |
| 1∶5 | | 11°25′16.3″ | 11.421186° | — | 主轴齿轮连接处，受轴向力机件连接处，如机车的十字头轴 |
| | 1∶6 | 9°31′38.2″ | 9.527283° | — | |
| | 1∶7 | 8°10′16.4″ | 8.171234° | — | 机床主轴、刀具刀杆尾部、锥形铰刀心轴、锥形铰刀套式铰刀、扩孔钻的刀杆、主轴颈、锥销、手柄端部、锥形铰刀、量具尾部，静变负载不拆开的连接件，如心轴等 |
| | 1∶8 | 7°9′9.6″ | 7.152669° | — | |
| 1∶10 | | 5°43′29.3″ | 5.724810° | — | |
| | 1∶12 | 4°46′18.8″ | 4.771888° | — | |
| | 1∶15 | 3°49′5.9″ | 3.818305° | — | 导轨链条，受振及冲击负载不拆开的连接件 |
| 1∶20 | | 2°51′51.1″ | 2.864192° | — | |
| 1∶30 | | 1°54′34.9″ | 1.90682° | — | |

(续)

| 基本值 | | 推算值 | | 应用举例 |
|---|---|---|---|---|
| 系列 1 | 系列 2 | 圆锥角 α | 锥度 C | |
| | 1:40 | 1°25′56.4″ | 1.432320° | 机床主轴、刀具刀杆尾部、锥形铰刀心轴、锥形铰刀套式铰刀、扩孔钻的刀杆、主轴颈、锥销、手柄端部、锥形铰刀、量具尾部，静变负载不拆开的连接件，如心轴等<br>导轨链条，受振及冲击负载不拆开的连接件 |
| 1:50 | | 1°8′45.2″ | 1.145877° | |
| 1:100 | | 0°34′22.6″ | 0.572953° | |
| 1:200 | | 0°17′11.3″ | 0.286478° | |
| 1:500 | | 0°6′52.5″ | 0.114592° | |

（3）圆锥的标注

圆锥尺寸标注涉及直径、长度和锥度等，具体方法如图 5-26a~h 所示。

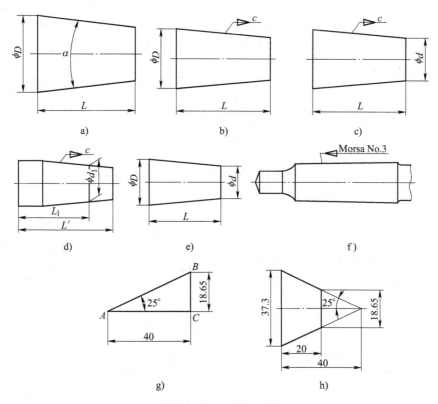

图 5-26　圆锥尺寸标注

（4）圆锥配合

圆锥公差与配合制是由基准制、圆锥公差和圆锥配合组成。圆锥配合的基准制分为基孔制和基轴制，标准推荐优先采用基轴制。圆锥公差按照 GB/T 1804—2000 确定。圆锥配合分间隙配合、过渡配合和过盈配合，相互配合的两圆锥基本尺寸相同。

**2. 圆锥的精度设计与检测**

（1）圆锥的精度

《产品几何量技术规范（GPS）圆锥配合》（GB/T 12360—2005）适用于圆锥体锥度为 1∶3~1∶500、基本圆锥长度 $L$ 为 6~630mm 的光滑圆锥工件。标准中规定了圆锥直径公差、圆锥角公差、圆锥形状公差和给定截面圆锥直径公差，见表 5-35。

表 5-35　圆锥公差项目

| 圆锥公差项目 | 描述 | 图示 |
| --- | --- | --- |
| 圆锥直径公差 $T_D$ | 指圆锥直径允许的变动量。即允许的上极限圆锥直径 $D_{max}$（$d_{max}$）与下极限圆锥直径 $D_{min}$（$d_{min}$）之差，它适用于圆锥全长 | — |
| 圆锥角公差 $AT_D$（见表 5-36） | 指圆锥角的允许变动量，即最大圆锥角 $\alpha_{max}$ 和最小圆锥角 $\alpha_{min}$ 之差 | 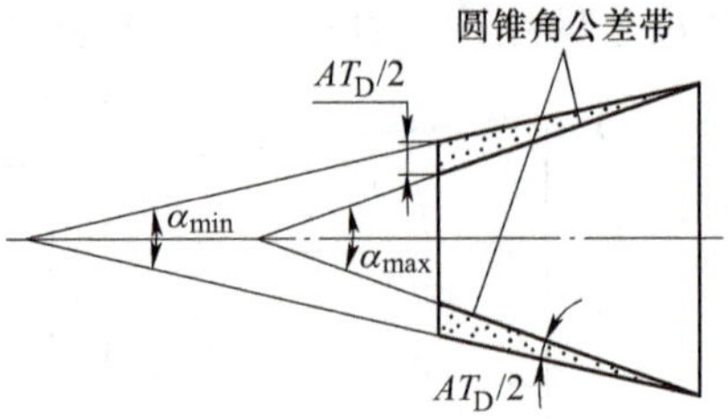 |
| 圆锥的形状公差 $T_F$ | 包括素线直线度公差和截面的圆度公差等，$T_F$ 的数值从国家标准中选取 | — |
| 给定截面圆锥直径公差 $T_{DS}$ | 指在垂直于圆锥轴线的给定截面内圆锥直径的允许变动量 | 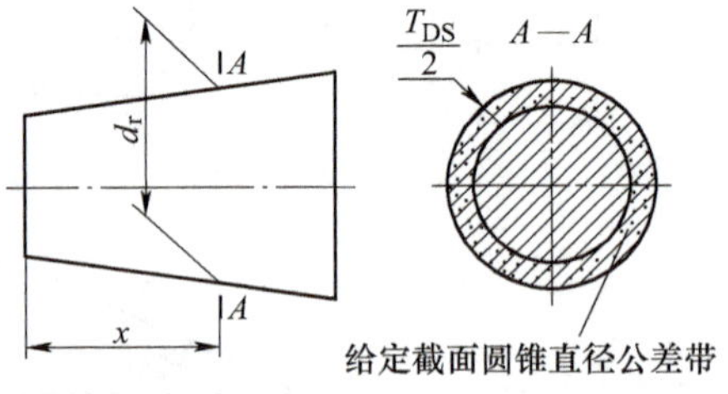 |

表 5-36　圆锥角公差数值（摘自 GB/T 11334—2005）

| 基本圆锥长度 $L$/mm | | 圆锥角公差等级 | | | | | | | | |
| --- | --- | --- | --- | --- | --- | --- | --- | --- | --- | --- |
| | | AT4 | | | AT5 | | | AT6 | | |
| | | $AT_\alpha$ | | $AT_D$ | $AT_\alpha$ | | | $AT_D$ | $AT_\alpha$ | | $AT_D$ |
| 大于 | 至 | μrad | (″) | μm | μrad | (′) | (″) | μm | μrad | (′)(″) | μm |
| 自 6 | 10 | 200 | 41″ | 1.3~2.0 | 315 | 1′05″ | | 2.0~3.2 | 500 | 1′43″ | 3.2~5.0 |
| 10 | 16 | 160 | 33″ | 1.6~2.5 | 250 | | 52″ | 2.5~4.0 | 400 | 1′22″ | 4.0~6.3 |
| 16 | 25 | 125 | 26″ | 2.0~3.2 | 200 | | 41″ | 3.2~5.0 | 315 | 1′05″ | 5.0~8.0 |
| 25 | 40 | 100 | 21″ | 2.5~4.0 | 160 | | 33″ | 4.0~6.3 | 250 | 52″ | 6.3~10.0 |
| 40 | 63 | 80 | 16″ | 3.2~5.0 | 125 | | 26″ | 5.0~8.0 | 200 | 41″ | 8.0~12.5 |

(续)

| 基本圆锥长度 L/mm | | 圆锥角公差等级 | | | | | | | | |
|---|---|---|---|---|---|---|---|---|---|---|
| | | AT4 | | | AT5 | | | AT6 | | |
| | | $AT_\alpha$ | | $AT_D$ | $AT_\alpha$ | | $AT_D$ | $AT_\alpha$ | | $AT_D$ |
| 大于 | 至 | μrad | (″) | μm | μrad | (′)(″) | μm | μrad | (′)(″) | μm |
| 63 | 100 | 63 | 13″ | 4.0~6.3 | 100 | 21″ | 6.3~10.0 | 160 | 33″ | 10.0~16.0 |
| 100 | 160 | 50 | 10″ | 5.0~8.0 | 80 | 16″ | 8.0~12.5 | 125 | 26″ | 12.5~20.0 |
| 160 | 250 | 40 | 8″ | 6.3~10.0 | 63 | 13″ | 10.0~16.0 | 100 | 21″ | 16.0~25.0 |
| 250 | 400 | 31.5 | 6″ | 8.0~12.5 | 50 | 10″ | 12.5~20.0 | 80 | 16″ | 20.0~32.0 |
| 400 | 630 | 25 | 5″ | 10.0~16.0 | 40 | 8″ | 16.0~25.0 | 63 | 13″ | 25.0~40.0 |

| 基本圆锥长度 L/mm | | 圆锥角公差等级 | | | | | | | | |
|---|---|---|---|---|---|---|---|---|---|---|
| | | AT7 | | | AT8 | | | AT9 | | |
| | | $AT_\alpha$ | | $AT_D$ | $AT_\alpha$ | | $AT_D$ | $AT_\alpha$ | | $AT_D$ |
| 大于 | 至 | μrad | (′)(″) | μm | μrad | (′)(″) | μm | μrad | (′)(″) | μm |
| 自6 | 10 | 800 | 2′45″ | 5.0~8.0 | 1250 | 4′18″ | 8.0~12.5 | 2000 | 6′52″ | 12.5~20 |
| 10 | 16 | 630 | 2′10″ | 6.3~10.0 | 1000 | 3′26″ | 10.0~16.0 | 1600 | 5′30″ | 16~25 |
| 16 | 25 | 500 | 1′43″ | 8.0~12.5 | 800 | 2′45″ | 12.5~20.0 | 1250 | 4′18″ | 20~32 |
| 25 | 40 | 400 | 1′22″ | 10.0~16.0 | 630 | 2′10″ | 16.0~25.0 | 1000 | 3′26″ | 25~40 |
| 40 | 63 | 315 | 1′05″ | 12.5~20.0 | 500 | 1′43″ | 20.0~32.0 | 800 | 2′45″ | 32~50 |
| 63 | 100 | 250 | 52″ | 16.0~25.0 | 400 | 1′22″ | 25.0~40.0 | 630 | 2′10″ | 40~63 |
| 100 | 160 | 200 | 41″ | 20.0~32.0 | 315 | 1′05″ | 32.0~50.0 | 500 | 1′43″ | 50~80 |
| 160 | 250 | 160 | 33″ | 25.0~40.0 | 250 | 52″ | 40.0~63.0 | 400 | 1′22″ | 63~100 |
| 250 | 400 | 125 | 26″ | 32.0~50.0 | 200 | 41″ | 50.0~80.0 | 315 | 1′05″ | 80~125 |
| 400 | 630 | 100 | 21″ | 40.0~63.0 | 160 | 33″ | 63.0~100.0 | 250 | 52″ | 100~160 |

注：1μrad 等于半径为 1m，弧长为 1μm 所对应的圆心角，5μrad≈1″(秒) 300μrad≈1′(分)。

（2）圆锥公差的给定方法

对于一个具体的圆锥工件，并不需要给定上述四项公差，而是根据工件使用要求来提出公差项目。GB/T 11334—2005 中规定了两种圆锥公差的给定方法。

1）给定圆锥的理论正确（公称）圆锥角 α 或锥度 C 和圆锥直径公差 $T_D$。此时，圆锥角误差和圆锥的形状误差均应在极限圆锥所限定的区域内。这种方法通常用于有配合要求的内、外圆锥，如图 5-27 所示。

2）给出给定截面圆锥直径公差 $T_{DS}$ 和圆锥角公差 AT。此时，$T_{DS}$ 和 AT 是独立的，应分别满足，如图 5-28 所示。此种方法通常运用于对给定圆锥截面直径有较高要求的情况。如某些阀类零件中，两个相互接合的圆锥在规定截面上要求接触良好，以保证密封性。

（3）圆锥公差的选用

有配合要求的圆锥通常采用第一种方法给出公差，这里主要介绍在第一种情况下圆锥公差的选用。

1）直径公差的选用。对于结构型圆锥，直径误差主要影响实际配合间隙或过盈。选用

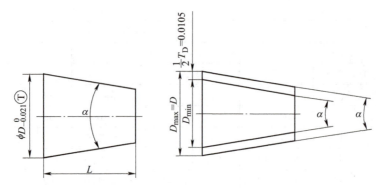

图 5-27 给定圆锥角的圆锥公差标注

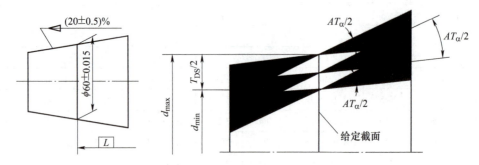

图 5-28 给定截面圆锥直径公差和圆锥角公差的标注

时可根据配合公差 $T_{DP}$ 来确定内、外圆锥直径公差 $T_{Di}$、$T_{De}$，和圆柱配合一样。

$$T_{DP} = T_{Di} + T_{De}$$

2）圆锥角公差的选用。按第一种方法给定圆锥公差，圆锥角误差限制在两个极限圆锥范围内，可不另外给出圆锥角公差。表 5-37 列出了当圆锥长度 $L=100$ mm 时圆锥直径公差 $T_D$ 可限制的最大圆锥角误差。

表 5-37 $L=100$ mm 时圆锥直径公差 $T_D$ 可限制的最大圆锥角误差 $\Delta\alpha_{max}$

| 圆锥直径公差等级 | 圆锥直径/mm | | | | | | | | | | | |
|---|---|---|---|---|---|---|---|---|---|---|---|---|
| | ≤3 | >3~6 | >6~10 | >10~18 | >18~30 | >30~50 | >50~80 | >80~120 | >120~180 | >180~250 | >250~315 | >315~400 | >400~500 |
| | $\Delta\alpha_{max}/\mu rad$ | | | | | | | | | | | |
| IT4 | 30 | 40 | 40 | 50 | 60 | 70 | 80 | 100 | 120 | 140 | 160 | 180 | 200 |
| IT5 | 40 | 50 | 60 | 80 | 90 | 110 | 130 | 150 | 180 | 200 | 230 | 250 | 270 |
| IT6 | 60 | 80 | 80 | 110 | 130 | 160 | 190 | 220 | 250 | 290 | 320 | 360 | 400 |
| IT7 | 100 | 120 | 150 | 180 | 210 | 250 | 300 | 350 | 400 | 460 | 520 | 570 | 630 |
| IT8 | 140 | 180 | 220 | 270 | 330 | 390 | 460 | 540 | 630 | 720 | 810 | 890 | 970 |
| IT94 | 250 | 300 | 360 | 430 | 520 | 620 | 740 | 870 | 1000 | 1150 | 1300 | 1400 | 1550 |
| IT10 | 400 | 480 | 580 | 700 | 840 | 1000 | 1200 | 1400 | 1300 | 1850 | 2100 | 2300 | 2500 |

注：圆锥长度不等于 100mm 时，需将表中的数值乘以 $100/L$，$L$ 的单位为 mm。

（4）圆锥的检测

圆锥的检测通常用量规检验法和间接测量法，见表 5-38。

表 5-38 圆锥的检测方法

| 方法 | 描述 | 图示 |
|---|---|---|
| 量规检验法 | 大批量生产的圆锥零件采用量规作为检验工具，用来检验内、外圆锥的锥度和基面距偏差 | 检验锥度时，先在量规圆锥面素线的全长上，涂 3~4 条极薄的显示剂，然后把量规与被测圆锥对研，来回旋转应小于 180°，根据着色接触情况判断锥角。对于圆锥塞规，若显示剂能够均匀地被擦去，说明锥角正确 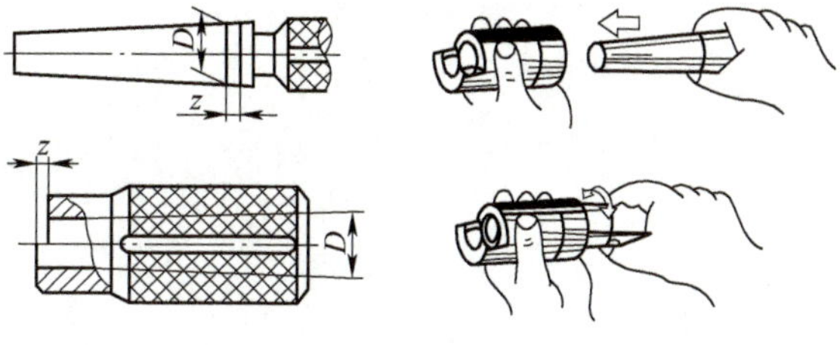 |
| 间接测量法 | 间接测量法是通过测量与锥度有关的尺寸，按几何关系换算出被测的锥度（或锥角） | 测量前，先按公式 $h = L\sin\alpha$ 计算并组合量块组，式中，$\alpha$ 为公称圆锥角，$L$ 为正弦规两圆柱中心距（通常有 100mm 和 200mm 两种）。工件的锥度偏差 $\Delta C = (h_a - h_b)$，式中，$h_a$、$h_b$ 为指示表在 $a$、$b$ 两点的读数，$l$ 为 $a$、$b$ 两点间的距离 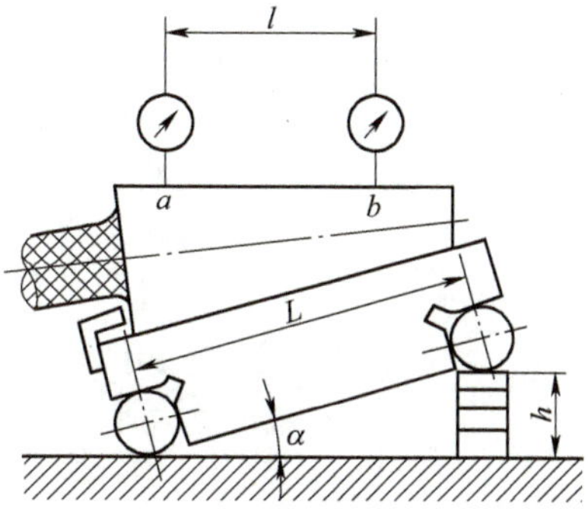 |

## 项目小结

典型零件的精度是指机械设备中常用的典型零件如滚动轴承、渐开线圆柱齿轮、连接键、螺纹和圆锥的精度。

本项目通过对减速器的功能要求和经济性分析，综合运用典型零件的几何参数和公差带知识点，根据国家标准正确选择滚动轴承、齿轮、键、螺纹和圆锥的精度，并正确标注。

本项目通过识读减速器的技术要求，根据减速器典型零件的结构特点和检测要求，选择合适的计量器具和测量方法，按照检测操作规范，正确检测加工后典型零件精度是否符合要求。

# 项目 6

# 三 坐 标 检 测

 学习目标

**1. 知识目标**
1）掌握三坐标测量机的原理、维护和检测软件操作。
2）掌握三坐标测量机的测头装配与测针校正。
3）掌握三坐标测量机的几何要素特征量。
4）掌握三坐标测量机的几何误差检测。

**2. 技能目标**
1）会维护和保养三坐标测量机。
2）会进行测头装配和测针校正。
3）会建立坐标系和检测基本几何元素。
4）会输出检测报告。

 项目引入

近年来坐标测量技术的不断发展，为技术人员提供了各种结构、各种精度等级、各种测量范围和自动化程度越来越高的坐标测量机，使测量能力大大增强。三坐标测量机作为企业常用精密测量仪器得到了广泛应用。如图 6-1 所示的减速器输出轴，如何使用三坐标测量机进行检测？

项目分析

1）三坐标测量机是企业最常见的精密测量仪器，其测量结果可用于分析产品的精度等级，通过网络传送给控制计算机进行加工，分析工艺缺陷，进行工艺参数修正；模型数字化的数据通过网络输入 CAD 系统，作为 CAD、CAM 的依据，实现逆向工程。

2）通过本项目的训练，学生应具备三坐标测量机的基本知识，掌握启动三坐标测量机、测头的装配与测针校正、基本元素测量与构造、工件坐标系构建、几何公差测量、系统配置和报告输出配置等基本技能，继而能编制零件的检测流程，能进行精密测量室工作场地、设备摆放的合理设计，同时培养一丝不苟、精益求精的工作态度，养成严格按操作规程加工的良好作业习惯。

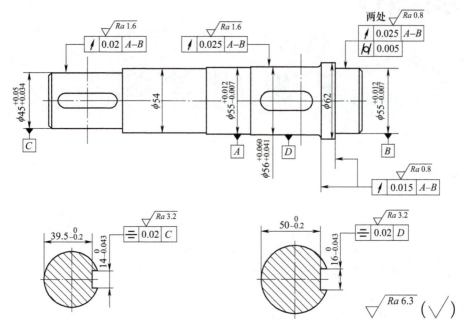

图 6-1 减速器输出轴

## 相关知识

## 6.1 三坐标测量机的认知

**1. 三坐标测量机的原理**

三坐标测量机是典型的测量物体几何特征的仪器，可以手动控制或由计算机控制。测量由连接在机器上移动的三轴上的探针定义。测量系统配备交互式检测软件。典型的三维桥式坐标测量机是由三轴 $X$、$Y$ 和 $Z$ 组成。典型的三坐标测量系统中，三轴互相垂直。三个方向轴上均装有光栅尺用以度量各轴位移值。操作者取点，机器读取接触探针的输入信号，使用这些点的 $X$、$Y$、$Z$ 坐标来确定尺寸和位置。

**2. 三坐标测量机的开关和维护**

1）开机：开启气源（一般为 0.5~0.6MPa）→开启三坐标测量机→打开测量软件。

2）关机：关闭软件→把三轴移动到大理石台面的边缘，把测头旋转至 A90 方向→关闭计算机和气源。

3）日常维护：测量房间维持合适的温度和湿度；经常检查气源；使用乙醇清洁桥臂，并避免接触光栅尺；零件轻放至工作台；转动测头时避免撞击零件。

## 6.2 AC-DMIS 检测软件的操作

**1. 软件操作界面**

软件操作界面包括标题栏、菜单栏、工具栏、程序编辑区（分为树形编辑区和字符型编辑区）、状态栏、视图显示区（CAD 显示区）、测量结果区（分为两部分）、形状公差界面、图像测量界面、CAD 模型层管理区。程序编辑区中不但可进行程序编辑，而且可进行其他功能操作，如基本几何元素的测量、几何公差的评定、相关计算和曲线曲面的测量等。视图显示区用于显示模型及测量结果的图、标签等。

**2. 文件输出**

在软件的操作界面中单击"文件"→"打印设置"打开对话框，设置输出报表的格式和具体内容。单击"文件"→"文件输出"可输出 Word 文档、Excel 文档（两种公差输出形式）、文本文件、图片四种文件格式。输入文件名称，选择保存路径，即可保存文档或工作区。

## 6.3 测头装配与测针校正

**1. 测头装配**

按机器测头实际配置进行虚拟测头装配的过程。

单击"文件"→"测头"→"测头装配"，进入测头装配界面；双击选择测头；双击选定部件，装配到测头座上；双击选择测针，将测针装配到测头座上；输入要保存的测头的名称，单击"保存"按钮并退出。

**2. 测针校正**

确定各个测针的参数及它们相互间的位置关系。

单击"文件"→"测头"→"测头校正"，进入测针校正操作界面。

1）在文件名称下拉框内选择文件名称。配置测针参数框中对应的 $A$ 角和 $B$ 角，系统将根据 $A$ 角和 $B$ 角对测针名称自动命名。也可先输入 $A$ 角 $B$ 角，然后根据自己的要求对测针进行重命名；当配置完成后，单击"添加"按钮。

2）配置好的测针被添加到测针列表中。在校正结果区，系统自动给出每一组角度的理论校正结果。

3）选择文件名、测针名，添加 $A$ 和 $B$。

注意：首先必须对"DEFAULT"文件名称进行配置，各文件下的第一个测针都必须是 $A=0°$，$B=0°$。

4）将测头座旋转到将要校正的测针针位。要求测头座旋转到的实际针位与"测针名称"中的 $A$、$B$ 角一致。

5）用"测针名称"中显示的测针在标准球的适当位置至少采集 5 个点。在条件许可的情况下，测点应在标准球上尽可能大的区域内均匀分布。注意：要求所有当前测针在标准球上采集的第一个点的矢量方向必须沿着测针的长度方向。

6)单击"计算"按钮。校正结束并自动保存结果。

7)若校正结果中半径偏差或形状偏差大于校正允差(在辅助参数中配置)。系统会弹出对话框询问用户是否保存该校正值。单击"是(Y)"则校正结果被视为有效并被保存,单击"否(N)"则校正结果被视为无效并不被保存。

8)重复2)~6)步骤,校正其他需要校正的测针。当所有测针全部校正完毕后,校正列表中将显示所有已经校正成功的测针的校正结果。

**3. 选择测头传感器**

根据被测工件选择已校正过的测头传感器和测针。

**4. 测头补偿**

选中时,测得几何元素为经补偿后坐标所拟合的结果。

## 6.4　几何要素特征量的认知

**1. 基本几何元素的测量**

三坐标测量机通过测量程序测得的是一系列离散测量点的空间坐标值,而不是需要的尺寸、位置和几何误差的结果,需要依据一定数学模型对这些离散坐标点集进行数据处理,才能得到所需要的测量结果,这个过程就是提取要素的几何特征量,如图6-2所示。

具体操作:单击工具栏上元素对应的按钮,打开元素界面;测量元素,当测量点数达到元素最小点数时界面可显示实测量值和名义值;设置公差、名义值、输出;按照需要设置名称、内外、计算方法、安全平面、投影;单击"确定"即可根据测得点拟合得到所需基本元素。表6-1所列为测量几何要素所需最少的点。

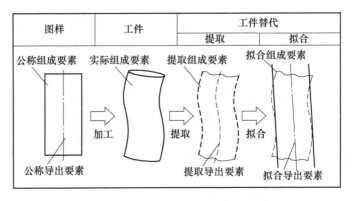

图6-2　提取要素的几何特征量

表6-1　测量几何要素所需最少的点

| 被测几何特征 | 数学拟合最少要求点数 | 推荐测量点数 | 说　　明 |
|---|---|---|---|
| 点 | 1 | 1 | 探测点 |
| 直线 | 2 | 5 | 应充分考虑被测直线的长度,如果为得到直线度信息,则至少测7个点 |
| 平面 | 3 | 9 | 按三线条点阵分布,每条线上3个点(测点阵列) |
| (截面)圆 | 3 | 7 | 设置7个点是为剔除被测轮廓面上某些周期性误差的影响 |

(续)

| 被测几何特征 | 数学拟合最少要求点数 | 推荐测量点数 | 说 明 |
|---|---|---|---|
| 圆柱 | 4 | 12 | 为得到直线度信息,最少测4个平行截面圆,每个截面圆上3个点 |
| 圆柱 | 4 | 15 | 为得到圆柱度信息,最少测3个平行截面圆,每个截面圆上3个点 |
| 圆锥 | 5 | 12 | 为得到直线度信息,最少测4个平行截面圆,每个截面圆上3个点 |
| 圆锥 | 5 | 15 | 为得到圆锥面轮廓度信息,最少测3个平行截面圆,每个截面圆上5个点 |
| 球 | 4 | 9 | 最少测3个截面,每个截面圆上3个点 |

**2. 组合元素**

用此前测得元素或经相关计算而得的几何元素组合生成新的几何元素结果,包括组合点、组合直线、组合圆、组合椭圆、组合平面、组合圆柱、组合球、组合圆锥。单击菜单"基本测量"→"构造"→"组合元素"或单击基本元素工具栏中的"组合元素"按钮,出现组合元素的操作界面。可按要求组合成新的几何元素。

**3. 相关功能测量**

相关功能包括相交、角度、距离、垂足、对称、镜像、圆锥、投影的计算。所有功能都可以在工具栏中找到。

## 6.5 检测坐标系的建立

**1. 建立坐标系的原理**

三坐标测量机的高效率来源于待测工件易于安装定位,通过软件系统对任意放置的待测工件建立工件坐标系,测量时由软件系统进行坐标转换,实现自动找正。三坐标测量中至少有三个坐标系,分别是:机器坐标系、基准坐标系、工件坐标系。一般允许用户同时建立多个工件坐标系,以方便用户的测量。

**2. 在测量程序的界面下建立最简单的工件坐标系方法**

打开"坐标系"菜单中的"工件位置找正"选项或直接单击工具栏图标,弹出对话框。

1) 空间旋转。以所选矢量元素(平面、直线、圆锥、圆柱)确定为第一轴(主轴)。用三个点形成一个平面,把该平面的法向当作第一轴的矢量方向。

2) 平面旋转。以所选矢量元素(平面、直线、圆锥、圆柱)确定为第二轴(副轴)。本例中使用所提及的平面上任意一条直线作为第二轴。

3) 偏置。以所选元素确定坐标原点。选择投影在以上平面的圆心作为坐标原点。

因为坐标系基于右手原则,使用机器坐标系相同的方向,即面对机器时,水平向右是 $X$ 轴正向,向前是 $Y$ 轴正向,向下是 $Z$ 轴正向。

### 3. 显示当前坐标系

在"坐标系"菜单中单击"显示零件坐标系",在 CAD 窗口右击,在弹出的菜单中选择"适中",新的零件坐标系将显示在屏幕上。选择上述新坐标系原点为圆心的圆,右击,在弹出的菜单中选择"再现",可以看到其圆心坐标为 (0, 0, 0)。

## 6.6 几何误差的检测

所有几何公差按钮都可以在工具栏中找到。单击相应的几何公差测量按钮,将用于测量的元素和基准元素分别拖入对话框位置,输入公差值,选择拟合方式,即可测得几何误差,判断它是否超过公差值。

## 6.7 检测报告的输出

### 1. 打印设置

设置输出报表的格式和具体内容。单击"文件"→"打印设置",打开对话框。如果需要修改项目的内容,则在列表中双击要修改的项目并修改;如果需要删除其中一项或清空所有的项目,则在列表中的任何一项上右击,在弹出菜单中选择"删除"→"全部清除"。

评定输出选项设置如下:

1)"输出表头":结果报告是否输出报表的表头。表头包括大标题、小标题、标志图片和添加的项目。

2)"输出页脚":结果报告是否输出报表的页脚,输出页脚时自动在打印报告每页下方中间显示页码。

3)"输出边框":结果报告输出的评定内容是否有边框,即是否以表格形式输出。

### 2. 文件输出

单击"文件"→"文件输出",输入文件名称,选择合适路径保存文档或工作区。

**任务实施**

### 1. 分析评定内容,在工件上选取被测的特征

如图 6-1 所示,该零件图共有四处尺寸误差、两处几何误差需要评定。

1) 45r6 轴,经过查表计算,得上极限偏差为 0.050mm,下极限偏差为 0.034mm,尺寸在 45.034~45.050mm 之间满足公差要求,可判定为合格。

2) 两处 55k6 轴,经过查表计算,得上极限偏差为 0.018mm,下极限偏差为 0.002mm,尺寸在 55.002~55.018mm 之间满足公差要求,可判定为合格。

3) 56r6 轴,经过查表计算,得上极限偏差为 0.057mm,下极限偏差为 0.041mm,尺寸在 56.041~56.057mm 之间满足公差要求,可判定为合格。

4) 两处 55k6 轴有圆柱度要求,两处键槽有对称度要求。

根据以上分析,分别选取圆柱、键槽作为被测对象。

### 2. 开机

开启气源（一般为 0.5~0.6MPa）→开启三坐标测量机→打开测量软件，新建工作区，选择"文件"→"新建工作区"创建新程序。

### 3. 测针的选配、组合及安装

根据被测工件的具体测量要求选配 M2 20×4 测针组合，符合测头座及测头的负载要求，又便于实际测量。选择测头传感器，测头名称选择 A90B90 方位，并将测头座手动旋转到相应位置。

### 4. 坐标系建立

坐标系初始化：直接单击"坐标系"菜单中的"初始化"或工具栏中的按钮，再单击"确定"即可。

本例为轴线与阶梯轴平面相垂直，采用图样所规定的基准 $A$，确定以 $A$-$B$ 公共轴线为第一轴（主轴）。阶梯轴端面作为投影面建立坐标系。确定好基准后，可将工件轴线平行于工作台放置，这样探针探测时不会有障碍。工件装夹定位可靠，便于测量，在一次装夹中完成所有相关特征的测量。

### 5. 尺寸和几何误差的测量

对于阶梯轴的直径值，用测量圆柱的方式取两个界面，测量 8 个点拟合成圆柱，得到圆柱直径，同时得到圆柱度误差；用测量平面的方式测量键槽两个侧面，利用"对称度"按钮得到对称度误差。

1）尺寸测量。单击基本元素工具栏上的按钮，移动测针，在被测工件的相应圆柱面完成 8 个测点的采集。从圆柱的拟合计算结果中获取直径值。注意：进行圆柱测点采集时，要求至少前 3 个点必须在圆柱的同一截面圆附近采集。

2）圆柱度测量。方法同上，直接测得圆柱度误差值，输入圆柱度误差即可评定。

3）对称度测量。先测量键槽两个侧面，用相关功能求出对称面，并作为基准平面，再测量两个被测平面，打开"对称度"对话框，将元素拖入相应的对话框中，输入图样给定公差，即可评定对称度是否满足公差要求。

4）径向圆跳动测量。先测量基准圆柱，作空间旋转到该圆柱的轴线方向，转换测量点，重新构造圆柱，把构造好的圆柱作为基准。在被测圆周上均匀采点，构造新的圆柱。打开"径向跳动"对话框，将基准圆柱和被测圆柱分别拖入相应的对话框中，求径向圆跳动。

### 6. 保存工作区并关机

保存工作区→关闭测量软件→将测头移动到大理石台边缘，测针转到 A90→关闭计算机→关闭气源。

### 任务评价

| 序号 | 考核项目 | 考核内容 | 检验规则 | 分值 小组自评（20%） | 小组互评（40%） | 教师评分（40%） |
|---|---|---|---|---|---|---|
| 1 | 三坐标测量机维护 | 三坐标测量机的开关机 | 1分/考核点，共2分 | | | |
| | | 三坐标测量机的维护 | 1分/考核点，共3分 | | | |

（续）

| 序号 | 考核项目 | 考核内容 | 检验规则 | 分值 | | |
|---|---|---|---|---|---|---|
| | | | | 小组自评（20%） | 小组互评（40%） | 教师评分（40%） |
| 2 | 测针装配和校正 | 测头的装配 | 1分/考核点，共3分 | | | |
| | | 测针的校正 | 1分/考核点，共2分 | | | |
| 3 | 减速器输出轴的几何尺寸测量 | φ55r6 外圆直径 | 10分/考核点，共10分 | | | |
| | | φ56r6 外圆直径 | 10分/考核点，共10分 | | | |
| | | φ45r6 外圆直径 | 10分/考核点，共10分 | | | |
| | | φ56k6（右）外圆直径 | 10分/考核点，共10分 | | | |
| | | 16N9 键槽宽度 | 10分/考核点，共10分 | | | |
| 4 | 减速器输出轴的几何误差检测 | φ55k6 外圆圆柱度 | 10分/考核点，共10分 | | | |
| | | 14N9 键槽对称度 | 10分/考核点，共10分 | | | |
| | | 16N9 键槽对称度 | 10分/考核点，共10分 | | | |
| 5 | 输出打印 | 系统配置和报告输出 | 2分/考核点，共10分 | | | |
| | 总分 | | 100分 | | | |
| | 合计 | | | | | |

## 项目小结

三坐标检测是检验机械零件精度的一种精密测量方法，广泛应用于机械制造业、汽车工业等现代工业中。运用三坐标测量机对工件进行尺寸和几何误差的检验和测量，判断的误差是否在公差范围之内。

本项目通过识读减速器输出轴的技术要求，根据减速器输出轴的结构特点和检测要求，按照检测操作规范，正确操作检测软件，建立坐标系，选择几何量和测量方法，正确检测加工后输出轴的精度是否符合要求。

# 参 考 文 献

[1] 张瑾，饶静婷，巩芳．公差配合与技术测量［M］．北京：机械工业出版社，2021．
[2] 石岚．公差配合与测量技术［M］．上海：复旦大学出版社，2021．
[3] 李正峰．互换性与测量技术［M］．3版．北京：科学出版社，2019．
[4] 张皓阳．公差配合与技术测量［M］．北京：人民邮电出版社，2019．
[5] 程玉，汤萍．公差配合与测量技术基础［M］．北京：中国电力出版社，2015．
[6] 韩祥凤，陈爱荣，张艳玲．公差配合与测量技术实训［M］．北京：科学出版社，2017．
[7] 杨好学，蔡霞．公差与技术测量［M］．北京：国防工业出版社，2009．
[8] 韩丽华．公差配合与测量技术基础［M］．北京：中国电力出版社，2010．
[9] 刘霞．公差配合与测量技术［M］．北京：机械工业出版社，2010．
[10] 孔晓玲．公差与技术测量［M］．北京：北京大学出版社，2009．
[11] 吕天玉．公差配合与测量技术［M］．大连：大连理工大学出版社，2008．
[12] 王莉莉．机械零件加工技术及质量控制［M］．北京：中国电力出版社，2022．